21 世纪全国高职高专土建立体化系列规划教材
数字测图技术国家级精品课程配套教材
浙江省高校重点教材建设项目

数字测图技术实训指导

主　　编　　赵　红

副主编　　毛迎丹　　江金霞　　黄伟朵

参　　编　　钭祖民　　杨一挺　　周宇燕　　许　昌

主　　审　　吕　慧

U0194255

北京大学出版社
PEKING UNIVERSITY PRESS

内 容 简 介

本实训教程是数字测图技术的配套实训教材。本教程以数字测图工作过程为主线，根据数字测图职业岗位技能要求，选取实训内容。本书主要包括：角度测量、距离测量、导线测量、高程控制测量、全站仪数据采集、GPS RTK 数据采集、数字测图软件、地形图的应用和数字测图综合实训等内容。本书基于工作过程，突出了能力培养和技能训练的职业教育特点。每个训练项目附有预做作业，可以让学生了解和掌握相关的知识要点和难点；每个训练项目附有训练目的和要求，以及训练步骤，可以使学生在明确训练要求的基础上，按照步骤一步一步实施，最终达到实训目的。学生通过对本书的学习，还能够参与完成数字测图生产任务，并能在工作中解决出现的问题。

本书可作为高职高专院校测绘类和地理信息系统专业的教材，也可作为交通工程、水利工程等土建施工类专业及工程技术人员的学习参考书。

图书在版编目(CIP)数据

数字测图技术实训指导/赵红主编. —北京：北京大学出版社，2013.6

(21 世纪全国高职高专土建立体化系列规划教材)

ISBN 978 - 7 - 301 - 22679 - 7

Ⅰ. ①数⋯　Ⅱ. ①赵⋯　Ⅲ. ①数字化制图—高等职业教育—教学参考资料　Ⅳ. ①P283.7

中国版本图书馆 CIP 数据核字(2013)第 136833 号

书　　　名：	**数字测图技术实训指导**
著作责任者：	赵　红　主编
策 划 编 辑：	赖　青　王红樱
责 任 编 辑：	王红樱
标 准 书 号：	ISBN 978 - 7 - 301 - 22679 - 7/TU·0335
出 版 发 行：	北京大学出版社
地　　　址：	北京市海淀区成府路 205 号　　100871
网　　　址：	http://www.pup.cn　新浪官方微博：@北京大学出版社
电 子 信 箱：	pup_6@163.com
电　　　话：	邮购部 62752015　发行部 62750672　编辑部 62750667　出版部 62754962
印 刷 者：	北京鑫海金澳胶印有限公司
经 销 者：	新华书店

787 毫米×1092 毫米　　16 开本　13.5 印张　302 千字

2013 年 6 月第 1 版　　2013 年 6 月第 1 次印刷

定　　　价：27.00 元

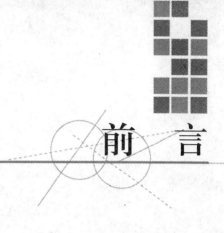

前　言

　　本书为北京大学出版社"21世纪全国高职高专土建立体化系列规划教材"之一，浙江省重点建设教材"数字测图技术"的配套实训教程。为适应21世纪职业技术教育发展需要，培养测绘行业具备数字测图理论、知识和技能的高等技术应用型人才，强化学生的动手能力和解决实际问题的能力，特编写了本书。

　　全书内容共分9个实训单元，主要包括：角度测量、距离测量、导线测量、高程控制测量、全站仪数据采集、GRS RTK数据采集、数字测图软件、地形图的应用和数字测图综合实训等内容。

　　本书内容可按照60～80学时安排，另外还有4周综合实训。推荐学时分配：项目1，10～12学时；项目2，4～8学时；项目3，8～10学时；项目4，14～16学时；项目5，4～6学时；项目6，8～10学时；项目7，6～10学时；项目8，6～8学时；项目9为4周。教师可根据不同的使用专业灵活安排学时。

　　本书编写的主要技术依据有《城市测量规范》（CJJ/T 8—2011），《工程测量规范》（GB 50026—2007），《国家基本比例尺地形图图示　第1部分：1∶500　1∶1000　1∶2000》（GB/T 20257.1—2007）等。

　　本书由浙江水利水电专科学校赵红担任主编，丽水职业技术学院江金霞、浙江水利水电专科学校毛迎丹、浙江水利水电专科学校黄伟朵担任副主编，全书由浙江水利水电专科学校赵红负责统稿。本书具体编写分工为：黄伟朵编写项目1；毛迎丹编写项目2；赵红编写项目3～5、项目7和项目9及附录1；江金霞编写项目6；钭祖民编写项目8；许昌编写附录2；杨一挺编写附录3；周宇燕编写附录4和附录5。浙江工业大学吕慧老师对本书进行了审读，并提出了很多宝贵意见，在此表示感谢！

　　由于编者水平有限，本书难免存在不足和疏漏之处，敬请各位读者批评指正。

编　者

2013 年 3 月

目 录

训练项目 1 角度测量 ·············· 1

训练 1.1 测回法观测水平角 ·········· 2
训练 1.2 方向法观测水平角 ·········· 9
训练 1.3 竖直角观测 ·········· 13
训练 1.4 经纬仪检校 ·········· 17
训练 1.5 全站仪的认识及使用 ······ 23
训练 1.6 全站仪角度测量 ·········· 33

训练项目 2 距离测量 ·············· 37

训练 2.1 距离测量 ·············· 38
训练 2.2 全站仪检校 ·········· 43

训练项目 3 导线测量 ·············· 47

训练 3.1 全站仪坐标测量 ·········· 48
训练 3.2 全站仪导线测量 ·········· 55
训练 3.3 内业计算 ·········· 59

训练项目 4 高程控制测量 ·········· 66

训练 4.1 DS₃ 型水准仪的认识与
使用 ·········· 66
训练 4.2 普通水准测量 ·········· 73
训练 4.3 闭合水准测量 ·········· 77
训练 4.4 水准仪检校 ·········· 81
训练 4.5 四等水准测量 ·········· 87
训练 4.6 三角高程测量 ·········· 93

训练项目 5 全站仪数据采集 ······ 97

训练 5.1 全站仪数据采集(草图法) ··· 98
训练 5.2 全站仪数据采集(电子
平板法) ·········· 109
训练 5.3 数据传输 ·········· 115

训练项目 6 GPS RTK 数据采集 ······ 120

训练 6.1 GPSRTK 认识实习 ········ 121
训练 6.2 数据采集 ·············· 129

训练项目 7 数字测图软件 ·········· 133

训练 7.1 CASS 测图系统使用 ······ 134
训练 7.2 地形图数字化 ·········· 135

训练项目 8 地形图的应用 ·········· 138

训练 8.1 纸质地形图的应用 ······ 139
训练 8.2 数字地形图应用 ·········· 141

训练单元 9 数字测图综合实训 ······ 143

训练 9.1 综合实训目的与要求 ····· 144
训练 9.2 准备工作 ·············· 144
训练 9.3 技术设计 ·········· 146
训练 9.4 控制测量 ·········· 147
训练 9.5 碎部测量 ·········· 149
训练 9.6 实习报告撰写与考核 ····· 156

附录 1 测量实习注意事项 ·········· 158

**附录 2 闭合导线计算程序
(VB 语言)** ·········· 161

**附录 3 南方 CASS 软件绘制地
形图** ·········· 165

附录 4 技术设计书案例 ·········· 183

附录 5 技术总结案例 ·········· 192

参考文献 ·············· 201

训练项目1

角度测量

训练 1.1　测回法观测水平角

1.1.1　预做作业

1.填空题

(1) 将经纬仪置于三脚架头上，应随手拧紧_____螺旋。

(2) 整平仪器时，使照准部水准管_____于两个脚螺旋的连线，转动这两个脚螺旋使_____居中；将照准部旋转_____，转动_____使气泡居中。在这两个位置来回数次，直至在任何位置水准管气泡均居中为止。

(3) 照准目标时，应先松开_____螺旋和_____螺旋，用_____进行瞄准。调节_____螺旋，使物像和十字丝清晰，再用_____和_____的微动螺旋精确照准目标。

(4) 用经纬仪观测水平角过程中，旋转照准部时，水平度盘应水平并_____。

(5) 观测同一个目标的盘左、盘右水平度盘读数之差的理论值应为_____。

(6) 分微尺读数可直读到_____，估读到_____。

(7) 竖盘位于望远镜的左边称为_____，竖盘位于望远镜的右边称为_____。

(8) 同一测回中，照准部水准管气泡不得超过_____格，若超过应_____。

(9) 视差就是_____；产生的原因_____；消除方法_____。

2.问答题

测回法观测水平角时，各测回间为什么要变换起始读数？如何变换？

1.1.2　训练目的

(1) 了解 DJ_6 光学经纬仪的基本构造及各部件的功能。

(2) 练习光学经纬仪的对中、整平、照准、读数。

(3) 掌握测回法观测水平角的操作、记录及计算方法。

1.1.3　仪器工具

每组配备 DJ_6 光学经纬仪 1 台，测伞 1 把，记录板 1 个。

1.1.4　训练内容及要求

(1) 对中误差不超过 2mm，整平误差不超过 1 格。

(2) 熟悉光学经纬仪的构造和使用方法。

(3) 每人独立观测一测回，两个半测回角值之差应小于 $40''$，测回间较差应小于 $24''$。

1.1.5　训练步骤

1. 光学经纬仪的构造

光学经纬仪主要由照准部、水平度盘和基座 3 部分组成，如图 1.1 所示。

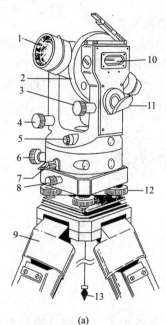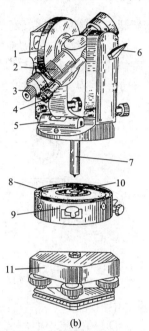

(a)　　　　　　　　　　　(b)

1—物镜；2—竖直度盘；3—竖盘指标水准管微动
螺旋；4—望远镜微动螺旋；5—光学对中器；6—
水平微动螺旋；7—水平制动扳手；8—轴座连接
螺旋；9—三脚架；10—竖盘指标水准管；11—反
光镜；12—脚螺旋；13—垂球

1—竖直度盘；2—目镜调焦螺旋；3—目镜；
4—读数显微镜；5—照准部水准管；6—望
远镜制动扳手；7—竖轴；8—水平度盘；9—
复测器扳手；10—度盘轴套；11—基座

图 1.1　光学经纬仪的构造

2. 经纬仪的安置

安置仪器于测站点 0，对中、整平。

知识链接

对中就是使仪器水平度盘中心与地面测站点位于同一铅垂线上。常用的对中方法有垂球对中和光学
对中两种。垂球对中的误差一般可控制在 3mm 以内；而光学对中的误差可控制在 2mm 以内。本次实习
采用光学对中的方法。整平就是使水平度盘放置水平。

在实习场地钉一木桩，桩顶钉一小钉(或画十字)作为测站点的点位。先将三脚架架于
测站点上方，然后取出仪器，与三脚架头连接螺旋相连接，不宜用力过度。

1) 对中

(1) 张开三脚架，目估对中且使三脚架架头大致水平，架头适中。

(2) 将经纬仪固定在脚架上，调整对中器目镜焦距，使对中器的圆圈标志和测站点影

像清晰。

（3）踩实一架腿，两手掇起另外两条架腿，用自己的脚尖点住测站点标志，眼睛通过对点器的目镜来寻找自己的脚尖，找到脚尖就找到了测站点标志。对中地面点标志，放下两架腿踩实。这一步也可以用如下的方法，即转动仪器脚螺旋，使测站点影像位于对中器圆圈中心。

2）整平

（1）伸缩脚架腿，使圆水准器气泡居中，使仪器粗略整平。

（2）旋转脚螺旋，使管水准气泡居中，精确整平仪器。整平时，先旋转仪器照准部至水准管与任意两个脚螺旋连线平行，相对调节两个脚螺旋使水准管气泡居中，气泡的移动方向和左手拇指的移动方向一致。然后将仪器照准部旋转90°，再调节第三个脚螺旋，使水准管气泡居中。此项工作反复数次，直至在任何位置气泡偏差不超过一格为止，如图1.2所示。

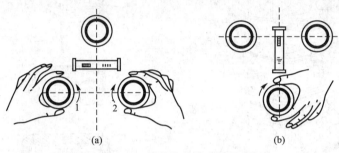

图1.2 经纬仪的精确整平

3）重新查看对中情况

若偏离不大，可以稍微旋松中心螺旋，通过在架头上平移仪器使测站点位于圆圈中心，进行精确对中。若偏离太远，应按照对中第(3)步的做法，重新整置三脚架，直到达到对中的要求为止。

 特别提示

（1）由于对中和整平的两个步骤是互相影响的，因此，应该在第一次对中、整平结束后，重新检查对中，如果偏离不大，可以通过在架头上平移仪器使测站点位于圆圈中心，进行精确对中；然后再检查一下水准管是否依然居中，否则，应重新精平。以上步骤一般需反复1～2次，直至仪器对中和整平均满足要求为止。

（2）在三脚架架头上移动经纬仪完成对中后，要立即旋紧中心连接螺旋。

3. 测回法观测水平角

 知识链接

测回法是适用于观测两个方向之间夹角的方法。观测时，需要用盘左和盘右分别进行观测，盘左半测回和盘右半测回合称为一个测回；其中盘左就是竖盘在望远镜的左侧，盘右就是竖盘在望远镜的右侧。

将仪器置于盘左位置，松开照准部制动螺旋，准确瞄准左方目标 A，固定照准部制动螺旋，读取水平度盘读数，记入手簿。

瞄准方法：用望远镜瞄准目标，具体做法如下。

（1）将望远镜对向亮处（天空），调节目镜调焦螺旋，使十字丝清晰。

（2）转动照准部与望远镜，先用准星和照门对准目标，再用望远镜观看目标，如果目标已在视场内，即可旋紧望远镜与照准部制动螺旋。

（3）调节物镜调焦螺旋，使目标影像清晰。

（4）调节望远镜与照准部微动螺旋，使十字丝交点精确对准目标，瞄准目标的方法如图 1.3 所示，并应该注意消除视差。

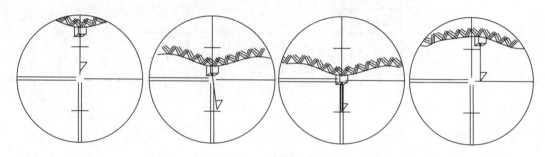

图 1.3　望远镜照准目标

　特别提示

测量水平角时，应尽可能瞄准目标底部。目标较小时，可用十字丝的纵向单丝平分影像；当目标较大时，可用十字丝的纵向双丝夹住影像。

松开照准部制动螺旋，沿顺时针方向旋转，用同样方法瞄准右边目标 B，读取水平度盘读数，记入手簿，并计算上半测回角值：$\beta_左 = b_左 - a_左$。

将仪器变换为盘右位置先瞄准 B，沿逆时针方向瞄准 A，依次读取水平度盘读数，记入手簿，并计算下半测回角值：$\beta_右 = b_右 - a_右$。上、下两个半测回角值差不应大于 $40''$。

计算一测回角值，将上、下半测回角值取平均，即为一测回角值：$\beta = \frac{1}{2}(\beta_左 + \beta_右)$。

4. 读数方法

如图 1.4 所示为 DJ$_6$ 经纬仪读数窗内所见，上面为水平度盘及分微尺影像，下面为竖直度盘及分微尺影像。

读数时，以分微尺的 0 分划线为指标线，先读取度盘分划的度数值（落在分微尺内的那个读数），再读取指标线到度盘分划线之间的数值，即分、秒值，两数之和即为度盘读数。

例如图 1.4 所示中的水平度盘，其中落在分微尺内的度盘分划为 179°；分微尺的 0 分划线到度盘分划线的间隔为 56 整格，即 56′；不足整数部分约为 0.3 格，可估读为 18″。所以完整的水平度盘读数为 179°56′

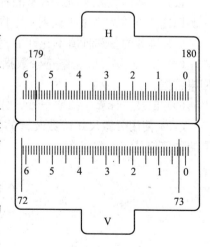

图 1.4　分微尺读数

$18''$。同样道理，竖直度盘读数为 $73°02'30''$（其中 $30''$ 为估读 0.5 小格的值）。

5. 记簿示例（表1-1）

表1-1 记簿示例

测站	竖盘位置	目标	水平度盘读数(° ′ ″)	半测回角值(° ′ ″)	一测回角值(° ′ ″)
O	左	A	0　05　00	49　45　10	49　45　05
		B	49　50　10		
	右	A	180　05　20	49　45　00	
		B	229　50　20		

 特别提示

（1）计算半测回角值时，一定是右方目标读数减左方目标读数，不够减时，可以将右方目标读数加上 $360°$ 之后，再减去左方目标读数。

（2）当观测多个测回时，为了减少度盘刻划不均匀误差的影响，各测回零方向的起始数值应变换 $180°/n$（n 是测回数）。

1.1.6 注意事项

（1）仪器从箱中取出前，应看好它的放置位置，以免装箱时不能恢复原位。

（2）仪器在三脚架上未连接好之前，手必须握住仪器，不得松手，以防仪器跌落。

（3）转动望远镜或照准部之前，必须先松开制动螺旋；转动螺旋时，用力要轻，一旦发现转动不灵，要及时检查原因，不可强行转动。

（4）瞄准时，应尽量瞄准目标底部，并使目标准确地夹在十字丝交点附近的双竖丝中央（或用单竖丝平分目标），要注意消除视差。在观测距离较短的目标时，对中更要仔细，瞄准更要精确。

（5）一测回观测期间，不得再动脚螺旋和度盘变换手轮。

（6）一测回观测期间，若水准管气泡偏离值大于1格时，应整平后，该测回重测。同一测回内不允许重新整平仪器；不同测回，则允许在测回间重新整平仪器。

（7）读数的分和秒值不允许更改。

（8）用2H或3H铅笔记录数据，所有读数应当场记入手簿中，不得转抄，记录者要回报数据。

（9）记录、计算一律取至秒，分和秒值要写两位数字。

（10）使用分微尺式读数装置的光学经纬仪读数时，应估读到 $0.1'$，即 $6''$，因此，读取的秒值应是6的整倍数。

1.1.7 实训成果

测回法观测水平角记录表

仪器型号＿＿＿＿＿＿　　　　天气＿＿＿＿＿＿＿＿　　　　时间＿＿＿＿＿＿＿＿

班组＿＿＿＿＿＿＿＿　　　观测者＿＿＿＿＿＿＿＿　　　记录者＿＿＿＿＿＿＿＿

测站	竖盘位置	目标	水平度盘读数 (° ′ ″)	半测回角值 (° ′ ″)	一测回角值 (° ′ ″)	各测回平均角值 (° ′ ″)

训练1.2 方向法观测水平角

1.2.1 预做作业

1. 填空题

（1）四个观测目标 A、B、C、D，用全圆方向法观测，其观测顺序为：盘左时，_____；盘右时_____。

（2）归零差是指_____，测回差是指_____。

（3）$2C$ 值的计算方法：_____。

（4）各测回间变换起始读数，其计算公式为_____，其中 n 是_____。

（5）DJ_6 级光学经纬仪的归零差和测回差应分别不大于_____。

2. 问答题

（1）上半测回归零差超限是否还应继续观测下半测回？归零差的超限是什么原因造成的？

（2）在一测回观测过程中，发现水准管气泡已偏移 1 格以上，是调整气泡后继续观测，还是必须重新观测呢？

1.2.2 训练目的

掌握方向观测法观测水平角的操作步骤及记录、计算方法。

1.2.3 仪器工具

每组配备 DJ_6 经纬仪 1 台，测伞 1 把，记录板 1 个。

1.2.4 训练内容及要求

（1）对中误差不超过 2mm，整平误差不超过 1 格。

（2）观测方向为 3 个以上。

（3）每人独立观测一测回，各项限差要求见表 1-2。

表 1-2 全圆方向法观测水平角限差

仪器级别	半测回归零差	一测回 2C 互差	同一方向各测回互差
DJ_2	12″	18″	12″
DJ_6	18″		24″

1.2.5 训练步骤（一测回）

（1）安置仪器于测站点 O，对中、整平。

(2) 如图 1.5 所示盘左位置，先观测选定的起始方向 A，并配置水平度盘读数于稍大于 $0°$ 处。顺时针方向转动照准部，依次瞄准目标 B、C、D，分别读取水平度盘读数，记入手簿，最后再次瞄准起始方向 A，读取读数，记入手簿，并计算归零差，其值不得超过 $18''$。

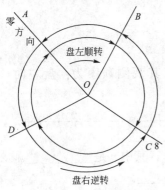

零方向

盘左顺转

盘右逆转

图 1.5　方向法观测水平角

(3) 盘右位置，从起始目标 A 起，按逆时针方向依次瞄准 D、C、B，最后归零至方向 A，依次读取读数，记入手簿，并计算下半测回归零差。

(4) 计算两倍照准误差 $2C$ 值。

$$2C = 盘左读数 - (盘右读数 \pm 180°)$$

(5) 计算各方向的平均读数，填入手簿相应栏内。

$$平均读数 = \frac{1}{2}[盘左读数 + (盘右读数 \pm 180°)]$$

(6) 计算归零后的方向值，并填入手簿相应栏内。将各方向的平均读数减去零方向的平均读数，即得各方向归零后的方向值。

(7) 计算各方向归零后方向值的平均值。

(8) 计算各方向间的角值：各相邻方向值相减。

特别提示

方向观测法观测水平角时，当依次瞄准 A、B、C、D 4 个方向后，一定要继续旋转照准部，重新瞄准 A 目标并读数；盘右观测时，也是如此。

(9) 示例（表 1-3）。

表 1-3　方向观测法的测绘数据

测站	目标	读数		2C ('')	平均读数 (° ′ ″)	归零后之方向值 (° ′ ″)
		盘左 (° ′ ″)	盘右 (° ′ ″)			
O	A	0　02　10	180　02　30	−20	(0　02　15) 0　02　20	0　00　00
	B	62　22　25	242　22　35	−10	62　22　30	62　20　15
	C	97　19　15	277　19　25	−10	97　19　20	97　17　05
	D	130　44　15	310　44　35	−20	130　44　25	130　44　10
	A	0　02　05	180　02　15	−10	0　02　10	

1.2.6　注意事项

(1) 目标不能瞄错，应尽量瞄准目标的底部。

(2) 应选择距离稍远、易于瞄准的清晰目标作为起始方向（零方向）。

(3) 计算时，须注意左角和右角的区别，用夹角右侧目标读数减去左侧目标读数，如计算出现负值，应将计算结果加上 $360°$，使水平角值在 $0°\sim360°$ 之间。

(4) 水平角观测时，应随测随记。观测完毕，应立即将水平角值算出，并注意检测成果是否符合要求，超限应重测。

(5) 不同测回之间，可按 $180°/n$ 的增量配置水平度盘。

1.2.7 实训成果

方向法观测水平角记录表

仪器型号_____　　　天气_____　　　时间_____

班组_____　　　观测者_____　　　记录者_____

测站	目标	读数		2C＝左 －右±180	平均读数	归零后 方向值	各测回归零 后方向值 的平均值
		盘左	盘右				
		(° ′ ″)	(° ′ ″)	(″)	(° ′ ″)	(° ′ ″)	(° ′ ″)

训练 1.3 竖直角观测

1.3.1 预做作业

1. 填空题

(1) 竖盘读数前应使_____居中。

(2) 写出指标差 $x=$_____；天顶距 $Z=$_____；竖直角 $\alpha=$_____的计算公式。

(3) 竖直角观测采用盘左盘右观测是为了计算_____，并消除其影响。

(4) DJ_6 光学经纬仪竖盘指标差的变动范围应不超过_____。

2. 问答题

(1) 什么叫做天顶距和竖直角？它们之间的几何关系怎样？

(2) 用盘左、盘右观测一个目标的竖直角，其值相等吗？若不等，说明什么？应如何处理？

1.3.2 训练目的

了解竖直度盘的构造，掌握观测竖直角的操作步骤及记录、计算方法。

1.3.3 仪器工具

每组配备 DJ_6 经纬仪 1 台，测伞 1 把，记录板 1 个。

1.3.4 训练内容及要求

(1) 对中误差不超过 2mm，整平误差不超过 1 格。

(2) 每人完成至少两个目标竖直角观测的任务，每个竖直角观测两个测回。

(3) 要求竖盘指标差互差小于 $25''$，同一目标各测回竖直角互差小于 $25''$。

1.3.5 训练步骤

(1) 安置仪器在测站点上，进行对中、整平。

(2) 如图 1.6 所示为 DJ_6 光学经纬仪的竖盘构造示意图。竖盘由竖直度盘、竖盘指标水准管和竖盘指标水准管微动螺旋构成。竖直度盘固定在望远镜横轴的一端，随望远镜在竖直面内一起俯仰转动，为此必须有一固定的指标读取望远镜视线倾斜和水平时的读数。

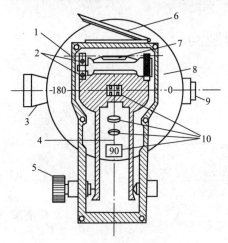

图 1.6 竖盘构造图

1—指标水准管轴；2—水准管校正螺丝；
3—望远镜；4—光具组光轴；5—指标水
准管微动螺旋；6—指标水准管反光镜；
7—指标水准管；8—竖盘；9—目镜；
10—光具组（透镜和棱镜）

竖盘指标水准管微动螺旋可使竖盘指标水准管做微小的俯仰运动。当水准管气泡居中时，水准管轴水平，光具组的光轴，即竖盘读数指标处于铅垂位置，用以指示竖盘读数。测角时，竖直度盘随望远镜的旋转而旋转，指标固定不动。

（3）如果是第一次使用该仪器，应先判断竖直角计算公式。具体方法如下：

① 当望远镜逐渐上仰时，竖盘读数逐渐增加，则竖直角

α＝瞄准目标时的读数－视线水平时的读数

② 当望远镜逐渐上仰时，竖盘读数逐渐减少，则竖直角

α＝视线水平时的读数－瞄准目标时的读数

（4）盘左位置分别瞄准高处目标 A 和 B，注意读数前使竖盘指标水准管气泡居中。计算半测回角值。

（5）盘右位置分别瞄准目标 A 和 B，注意读数前使竖盘指标水准管气泡居中。计算半测回角值。

（6）计算一测回角值：$\alpha=\dfrac{1}{2}(\alpha_左+\alpha_右)$。

计算指标差 $x=\dfrac{1}{2}[L+R-360°]$，比较指标差互差，看成果是否合格。

（7）依照以上步骤，对目标进行第二个测回的观测，要求同一目标各测回竖直角互差小于 25″，符合要求，将两个测回的竖直角取平均。

（8）记录示例，见表 1-4。

表 1-4 记录示例

测站	目标	竖盘位置	竖盘读数（°′″）	半测回竖直角（°′″）	指标差（″）	一测回竖直角（°′″）
O	A	左	82 37 12	＋7 22 48	＋3	＋7 22 51
		右	277 22 54	＋7 22 54		
	B	左	99 42 12	－9 42 12	＋6	－9 42 06
		右	260 18 00	－9 42 00		

1.3.6 注意事项

（1）竖直角观测时，应尽量用十字丝横丝切准目标顶部，或者切准目标的同一部位。

（2）竖直角观测时，每次读数前应使竖盘指标水准管气泡居中。

（3）观测前，先弄清楚竖直角的计算公式。

（4）计算竖直角时，应注意正、负号。

 特别提示

（1）竖直角的观测精度是采用指标差的互差进行衡量的；注意指标差跟指标差的互差是两个不同的概念。

（2）读数前一定要调竖盘指标水准管气泡居中。

1.3.7 实训成果

竖直角观测记录表

仪器型号_____ 天气_____ 时间_____

班组_____ 观测者_____ 记录者_____

测站	目标	竖盘位置	竖盘读数 (° ′″)	半测回竖直角 (° ′″)	指标差 (″)	一测回竖直角 (° ′″)
		左				
		右				
		左				
		右				
		左				
		右				
		左				
		右				
		左				
		右				
		左				
		右				
		左				
		右				

训练 1.4 经纬仪检校

1.4.1 预做作业

1. 填空题

经纬仪的主要轴线有 _____,
它们之间正确的几何关系是 _____。

2. 问答题

用经纬仪观测水平角和竖直角时,为什么要用盘左和盘右观测,且取平均值?

1.4.2 训练目的

(1)了解经纬仪各轴线间应有关系。
(2)掌握 DJ_6 经纬仪各项检验方法,了解其校正方法。
(3)了解视准轴误差、横轴误差、十字丝竖丝不垂直横轴的误差和竖盘指标差对测角的影响和误差消除方法。

1.4.3 仪器工具

每组经纬仪 1 台,测伞 1 把,记录板 1 个。

1.4.4 训练内容及要求

每组完成 1 台经纬仪的检验,包括以下内容。
(1)一般检查。
(2)照准部水准管轴 LL 垂直于仪器竖轴 VV 的检验和校正。
(3)十字丝竖丝垂直于横轴 HH 的检验校正。
(4)视准轴 CC 垂直于横轴 HH 的检验与校正。
(5)横轴 HH 垂直于竖轴 VV 的检验与校正。
(6)竖盘指标差的检验与校正。

1.4.5 训练步骤

1. 一般检查图

包括经纬仪各部件有无损坏,各螺旋转动是否正常,仪器各旋转轴是否灵活及脚架是否牢固等,如图 1.7 所示。

2. 照准部水准管轴 LL 垂直于仪器竖轴 VV 的检验和校正

1)检验

(1)安置仪器,大致整平。

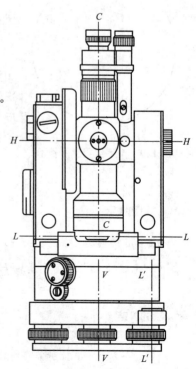

图 1.7 经纬仪的几何轴线

（2）使水准管平行于两脚螺旋的连线，使气泡居中。将照准部旋转180°，若气泡仍然居中，则条件满足，否则应校正。

2）校正

用校正针拨动水准管的校正螺丝，使气泡退回偏离量的一半，使水准管轴与水平线的夹角为 α，如图1.8(a)所示；再转动脚螺旋，使气泡居中，竖轴处于铅垂方向，如图1.8(b)所示。此项检验校正必须反复进行，直到照准部转到任何位置气泡偏离值不大于1格时为止。

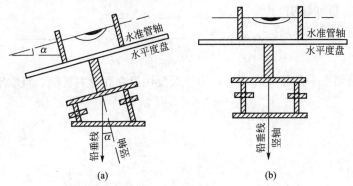

(a)   (b)

图1.8　照准部水准管轴垂直于竖轴的校正原理

要求学生不做具体校正，对照仪器讨论校正方法和仪器上的校正部位。

3. 十字丝竖丝垂直于横轴的检验校正

1）检验

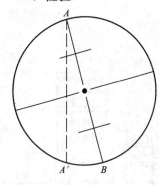

图1.9　十字丝竖丝的检验

以十字丝竖丝一端瞄准一明显点，固定照准部，使望远镜上下微动，若该点不离开竖丝，则竖丝垂直于横轴，否则应校正，如图1.9所示。

2）校正

卸下目镜处分划板护盖，可见如图1.7所示的校正装置，用螺丝刀松开四个校正螺丝 E，轻轻转动十字丝环，直到望远镜上下微动时，A 点始终在竖丝上移动为止。此项检校须反复进行。校正结束应及时拧紧四个校正螺丝 E，并旋上护盖。

要求学生讨论校正方法、校正部位及误差消除方法。

 特别提示

为了减小此项误差对角度的影响，观测角度时可以用十字丝交点瞄准目标。

4. 视准轴 CC 垂直于横轴 HH 的检验与校正

 知识链接

视准轴不垂直于横轴所偏离的角度 C，称为视准轴误差，它是由于十字丝交点的位置不正确造成的。

1) 检验

(1) 将仪器整平，以盘左瞄准远处大致与仪器同高的明显目标 P，读取水平度盘读数，设为 $M_左$。

(2) 以盘右瞄准同一目标 P，同上方法读数，设为 $M_右$。

(3) 计算 $C=\dfrac{1}{2}\left[M_左-(M_右\pm180°)\right]$，对于 DJ$_6$ 经纬仪要求 C 值小于 $1'$，否则应校正。

2) 校正

求出盘右时的正确读数为 $M_右+C$，然后调照准部水平微动螺旋使望远镜读数窗里的读数为 $M_右+C$。此时视准轴偏离目标点（即十字丝交点与目标不重合），则打开十字丝环护盖，如图 1.10 所示，用拨针先松开十字丝环的上下校正螺丝中的一个（A 或 C），再按先松后紧的原则调整校正螺丝 B 和 D，移动十字丝环，直至十字丝的交点对准目标点为止。该步骤反复进行，直到 C 小于 $1'$ 为止。校完后，及时拧紧松开过的螺丝（A 或 C）。

要求学生讨论校正方法、校正部位及误差消除方法。

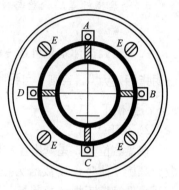

图 1.10 十字丝校正螺丝

 特别提示

为了消除和减小此项误差的影响，可以采用盘左、盘右观测取平均值的方法。

5. 横轴 HH 垂直于竖轴 VV 的检验与校正

1) 检验

(1) 在距墙约 $20\sim30\text{m}$ 处安置仪器，盘左瞄准墙上高处一点 M（高点），固定照准部，然后上下转动望远镜至大致水平位置，在墙上标出十字丝交点的位置 m_1，如图 1.11 所示。

(2) 盘右位置采取同上方法得到十字丝交点的位置 m_2。

(3) 若 m_1 与 m_2 两点重合，表明条件满足，否则需按以下公式计算 i 角值。对于 DJ$_6$ 经纬仪来说，当算得的 i 值大于 $20''$ 时，须校正。

$$i\approx\tan i=\frac{m_1m_0}{s.\tan\alpha}\cdot\rho'' \qquad (1-1)$$

2) 校正

旋转照准部微动螺旋，令十字丝交点对准 m_0 点，仰起望远镜，此时十字丝交点必然不再与原来的 m 点重合而照准另一点 m'；然后，调整望远镜右支架的偏心环，将横轴右端升高或降低，使十字丝交点对准 m 点。反复进行，

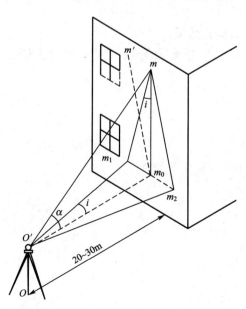

图 1.11 横轴垂直于竖轴的检验

直至满足条件为止。

要求学生讨论校正方法、校正部位及误差消除方法。

 特别提示

为了消除和减小此项误差的影响，可以采用盘左、盘右观测取平均值的方法。

6. 竖盘指标差的检验与校正

1) 检验

为了检验指标差，可选一明显目标，以盘左、盘右观测其竖直角，若两次角值相等，说明指标差为0，否则，可按指标差计算公式进行计算：$x = \frac{1}{2}(L + R - 360°)$，若 x 大于 $1'$，需要校正。

2) 校正

在盘右位置，先算出盘右位置时的正确读数 $R_0 = R - x$，然后转动竖盘指标水准管的微动螺旋，使竖盘读数恰为正确读数 R_0。此时，竖盘指标水准管的气泡不居中。于是，打开水准管校正螺丝的盖板，调整上、下两个校正螺丝，用先松后紧的方法，把水准管的一端升高或降低，直至气泡居中。此项检验校正也应反复进行，直至竖盘指标差 x 的绝对值小于 $1'$ 为止。

要求学生讨论校正方法、校正部位及误差消除方法。

 特别提示

为了消除和减小此项误差的影响，可以采用盘左、盘右观测取平均值的方法。

1.4.6 注意事项

(1) 应按规定顺序进行检验和校正，并记录其检验结果。

(2) 各项检验均应仔细进行，并认真地逐项讨论有关误差的校正与误差消除方法。切实弄清校正的部位与校正的操作方法。

1.4.7 实训成果

DJ₆型光学经纬仪检验与校正记录表

仪器型号_____ 时间_____

班组_____ 检验者_____ 记录者_____

水准管的检校			视准轴的检校			竖盘指标差的检校		
检验	水准管	格		水平度盘读数			竖直度盘读数	
	圆水准器							
				镜位	(° ′ ″)		镜位	(° ′ ″)
校正方法			检验	L			L	
				R			R	
				C		检验		
检验	竖丝垂直于横轴		校正方法				指标差 $x=\frac{1}{2}(L+R-360°)=$	
							正确 $\alpha=$	
							正确 $R=$	
校正方法			检验	横轴检校		校正方法		
				$i\approx\tan i=\frac{m_1 m_0}{s.\tan\alpha}\cdot\rho''=$				
			校正方法					

训练 1.5　全站仪的认识及使用

1.5.1　预做作业

（1）全站仪由以下 3 部分组成_____、_____和_____。

（2）全站仪的安置包括_____和_____。

（3）全站仪的基本设置包括：_____、_____和_____。

1.5.2　训练目的

（1）了解全站仪的构造和性能。

（2）掌握全站仪键盘上各按键的名称和功能、显示符号的含义。

（3）掌握全站仪的安置方法。

（4）熟悉全站仪进行角度测量的基本方法。

1.5.3　训练内容及要求

（1）由指导教师现场介绍全站仪的构造、性能和使用，并做示范测量。

（2）对照全站仪说明书，了解全站仪键盘上各按键的名称和功能、显示符号的含义。

（3）利用全站仪测量水平角（测回法）。

1.5.4　仪器工具

全站仪 1 台，棱镜 2 套，测伞 1 把，记录板 1 个。

1.5.5　训练步骤

1. 全站仪的构造

以南方 NTS - 350 系列全站仪为例，如图 1.12 所示。

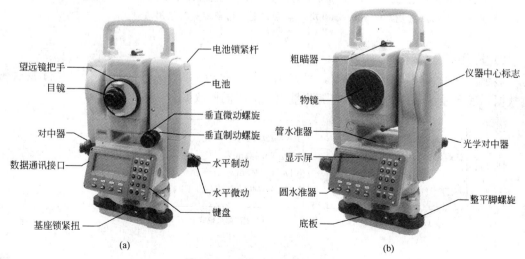

(a)　　　　　　　　　　　　　　　(b)

图 1.12　南方 NTS - 352 全站仪

1）电池

```
HR：170°30′20″
HD：235.343m
VD：36.551m          ≡
测量   模式   S/A   P1↓
```

≡——电量充足，可操作使用。

=——刚出现此信息时，电池尚可使用 1 小时左右；若不掌握已消耗的时间，则应准
　　备好备用的电池或充电后再使用。

——电量已经不多，尽快结束操作，更换电池并充电。

-闪烁到消失——从闪烁到缺电关机大约可持续几分钟，电池已无电应立即更换电池
　　　　　　　并充电。

（1）电池工作时间的长短取决于环境条件，如：周围温度、充电时间和充电的次数
等，为安全起见，建议提前充电或准备一些充好电的备用电池。

（2）电池剩余容量显示级别与当前的测量模式有关，在角度测量模式下，电池剩余
容量够用，并不能够保证电池在距离测量模式下也能用。因为距离测量模式耗电高于
角度测量模式，当从角度模式转换为距离模式时，由于电池容量不足，有时会中止
测距。

 特别提示

（1）电池充电应用专用充电器，充电时先将充电器接好电源 220V，从仪器上取下电池盒，将充电器
插头插入电池盒的充电插座，充电器上的指示灯为橙色时表示正在充电，充电 6h 后或指示灯为绿色时表
示充电完毕，拔出插头。

（2）每次取下电池盒时，都必须先关掉仪器电源，否则仪器易损坏。

（3）尽管充电器有过充保护回路，充电结束后仍应将插头从插座中拔出。

（4）要在 0～±45℃温度范围内充电，超出此范围可能充电异常。

（5）如果充电器与电池已联结好，指示灯却不亮，此时充电器或电池可能损坏，应修理。

（6）可充电电池可重复充电 300～500 次，电池完全放电会缩短其使用寿命。

2）显示屏

显示屏采用点阵式液晶显示器，可显示 4 行，每行 20 个字符，一般上面 3 行显示观
测数据，底行显示软件的功能，它随测量模式的不同而改变。

例如：

(a) 角度测量模式　　　　　　(b) 距离测量模式

3) 显示符号(表1-5)

表1-5 显示符号

符号	含义	符号	含义
V	垂直角	*	EDM(电子测距)正在进行
HR	水平角(右角)	m	以米为单位
HL	水平角(左角)	ft	以英尺为单位
HD	水平距离	fi	以英尺与英寸为单位
VD	高差		
SD	倾斜距离		
N	北向坐标		
E	东向坐标		
Z	天顶方向坐标		

4) 操作键 (表1-6和图1.13)

表1-6 操作键

按键	名称	功能
坐标测量键图标	坐标测量键	进入坐标测量模式(▲上移键)
距离测量键图标	距离测量键	进入距离测量模式(▼下移键)
ANG	角度测量键	进入角度测量模式(◀左移键)
MENU	菜单键	在菜单模式和测量模式间进行切换(▶右移键)
ESC	退出键	返回上一级状态或返回测量模式
POWER	电源开关键	电源开关
F1~F4	软键(功能键)	对应于显示的软键信息
ENT	回车键	确认
★	星键	进入星键模式

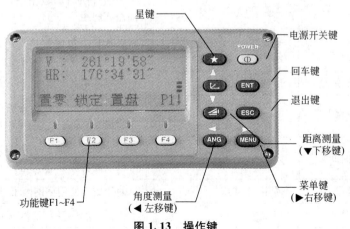

图1.13 操作键

5）星键模式

按下星键可以对以下项目进行设置：

（1）对比度调节。按星键后，通过按［▲］或［▼］键，可以调节液晶显示对比度。

（2）照明。按星键后，通过按 F1 选择"照明"，按 F1 或 F2 选择开关背景光。

（3）倾斜。按星键后，通过按 F2 选择"倾斜"，按 F1 或 F2 选择开关倾斜改正。

（4）S/A。按星键后，通过按 F3 选择"S/A"，可以对棱镜常数和温度气压进行设置，并且可以查看回光信号的强弱。

6）全站仪的基本设置

在角度测量、距离测量和坐标测量模式下设置的作业模式（或参数）关机后不能保留，通常在使用全站仪之前，在专门的作业模式设置状态下选择工作模式。

南方全站仪一般是按住 F4 键开机，见表 1－7，可作如下设置。

表 1－7　基本设置

菜单	项目	选择项	内容
单位设置	英尺	F1：美国英尺 F2：国际英尺	选择 m/f 转换系数 美国英尺：1m＝3.2803333333333ft 国际英尺：1m＝3.280839895013123ft
	角度	度（360°） 哥恩（400G） 密位（6400M）	选择测角单位 DEG/GON/MIL（度/哥恩/密位）
	距离	m/ft/ft.in	选择测距单位：m/ft/ft＋in （米/英尺/英尺．英寸）
	温度气压	温度：℃/℉ 气压：hPa/mmHg/inHg	选择温度单位：℃/℉ 选择气压单位：hPa/mmHg/inHg
模式设置	开机模式	测角/测距	选择开机后进入测角模式或测距模式
	精测/跟踪	精测/跟踪	选择开机后的测距模式，精测/跟踪
	HD&VD/SD	平距和高差/斜距	说明开机后的数据项显示顺序，平距和高差或斜距
	垂直零/ 水平零	垂直零/ 水平零	选择垂直角读数从天顶方向为零基准或水平方向为零基准计数
	N 次测量/复测	N 次测量/复测	选择开机后测距模式，N 次/重复测量
	测量次数	0～99	设置测距次数，若设置为 1 次，即为单次测量
	关测距时间	1～99	设置测距完成后到测距功能中断的时间可以以此功能
	格网因子	使用/不使用	使用或不使用格网因子
	NEZ/ENZ	ENZ / NEZ	坐标显示顺序为 E/N/Z 或 N/E/Z

（续）

菜单	项目	选择项	内容
其他设置	水平角蜂鸣声	开/关	说明每当水平角过90°时是否要发出蜂鸣声
	测距蜂鸣	开/关	当有回光信号时是否蜂鸣
	两差改正	0.14/0.20/关	大气折光和曲率改正的设置

7）角度测量模式（表1-8）

角度测量模式（三个界面菜单）

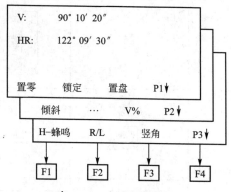

表1-8　角度测量模式

页数	软键	显示	功能
1	F1	置零	水平角置为 0°00′00″
	F2	锁定	水平角读数锁定
	F3	置盘	用数字输入设置水平角
	F4	P1↓	显示第2页软键功能
2	F1	倾斜	设置倾斜改正开或关（ON/OFF），若选择ON，则显示倾斜改正值
	F2	…	……
	F3	V%	垂直角与百分比坡度的切换
	F4	P2↓	显示第3页软键功能
3	F1	H-蜂鸣	仪器每转动水平角90°是否要发出蜂鸣声的设置
	F2	R/L	水平角右/左方向计数转换
	F3	竖直角	垂直角显示格式（高度角/天顶距）的切换
	F4	P3↓	显示下一页（第1页）软键功能

8）设置垂直角倾斜改正

当倾斜传感器工作时，由于仪器整平误差引起的垂直角自动改正数显示出来，为了确保角度测量的精度，倾斜传感器必须选用（开），其显示可以用来更好的整平仪器，若出现（"X补偿超限"），则表明仪器超出自动补偿的范围，必须人工整平。

NTS-350 对竖轴在 X 方向的倾斜的垂直角读数进行补偿。

当仪器处于一个不稳定状态或有风天气，垂直角显示将是不稳定的，在这种状况下，可打开垂直角自动倾斜补偿功能。

用软件设置倾斜改正的方法如下：选择第 2 页上的自动补偿的功能，此设置在断开电源后不被保留。

设置 X 倾斜改正关闭的步骤(表 1-9)。

表 1-9 设置垂直角倾斜改正

操作过程	操作	显示
(1) 主菜单下，按 F4 键进入主菜单 2/3 页	F4	菜单 2/3 F1：程序 F2：参数组 1 F3：照明 P↓

(2) 按 F2 键，选定参数组 1	F2	设置模式 1
		  F1：最小读数
		  F2：自动关机开关
		  F3：自动补偿

(3) 按 F3 (自动补偿)键 若已经选定开，则会显示出倾斜值	F3	倾斜传感器：[关] 单轴 --- 关 回车
(4) 按 F1 (单轴)键或 F3 (关)键进行选择，然后按 F4 (回车)键进行确认	F1 F4	倾斜传感器：[X-开] X： 0°00′30″ 单轴 --- 关 回车

9) 设置照明开关(表 1-10)

表 1-10 设置照明开关

操作过程	操作	显示
(1) 按 MENU 键，再按 F4 (P↓) 键，进入第 2/3 页菜单	MENU F4	菜单 2/3 F1：程序 F2：参数组 1 F3：照明 P↓
(2) 按 F1 或 F2，设为开或关	F1 或 F2	照明 [关] F1：开 F2：关

（续）

操作过程	操作	显示
（3）按 ESC 键，返回	ESC	菜单　　　　　　2/3 F1：程序 F2：参数组1 F3：照明　　　　P↓

2. 全站仪的安置

方法与光学经纬仪相同，具体步骤参见训练1.1。

3. 全站仪角度测量（测回法）

方法与光学经纬仪相同，具体步骤参见训练1.1。

 特别提示

（1）部分全站仪因开机方式不同，观测前需要对仪器初始化，即仪器对中、整平后，打开仪器开关，需要将望远镜在垂直面内转3～4周。

（2）利用粗瞄准器内的三角形标志的顶尖瞄准目标点，照准对眼睛与瞄准器之间应保留有一定距离。

（3）当眼睛在目镜端上下或左右移动发现有视差时，说明调焦或目镜屈光度未调好，这将影响观测的精度，应仔细调焦并调节目镜筒消除视差。

1.5.6　注意事项

（1）使用全站仪时，应严格按照操作规程，爱护仪器。

（2）在阳光下使用全站仪，一定要给仪器撑伞，严禁用望远镜正对太阳。

（3）当电池电量不足时，应立即结束操作，关闭电源后，方可更换电池。

（4）搬站时，即使距离很近，也必须取下全站仪装箱搬运，并注意防振。

（5）所有螺旋应轻轻旋动，勿要拧至极限。

（6）在进行测量的过程中，千万不能不关机拔下电池，否则测量数据将会丢失。

1.5.7　实训成果

测回法观测水平角记录表

仪器型号＿＿＿＿＿＿＿＿　　　　天气＿＿＿＿＿＿＿＿＿＿　　　　时间＿＿＿＿＿＿＿＿＿＿

班组＿＿＿＿＿＿＿＿　　　　观测者＿＿＿＿＿＿＿＿＿＿　　　　记录者＿＿＿＿＿＿＿＿＿＿

测站	竖盘位置	目标	水平度盘读数 (° ′ ″)	半测回角值 (° ′ ″)	一测回角值 (° ′ ″)	各测回平均角值 (° ′ ″)

训练 1.6　全站仪角度测量

1.6.1　预做作业

（1）水平角设置为某一角度有两种方法：＿＿＿＿＿＿＿＿＿＿＿＿＿＿＿＿＿＿＿
和＿＿＿＿＿＿＿＿＿＿＿＿＿＿＿＿＿＿。

（2）全圆方向法观测水平角是用于观测＿＿＿＿＿个以上方向的角度。

（3）光电度盘有＿＿＿＿＿＿＿＿＿、＿＿＿＿＿＿＿＿＿＿＿和＿＿＿＿＿＿＿＿＿＿3种。

1.6.2　训练目的

（1）进一步掌握一般全站仪的使用方法。

（2）掌握全站仪测量水平角（方向法）和竖直角的方法。

1.6.3　训练内容及要求

（1）练习水平角的设置。

① 通过锁定角度值进行设置。

② 通过键盘输入进行设置。

（2）熟悉水平角（右角/左角）切换、垂直角与斜率（％）的转换、天顶距和高度角的
转换。

（3）利用全站仪采用方向法观测4个目标的水平角，观测一测回；利用全站仪观测两
个目标的竖直角，要求两个测回。限差要求参见训练1.2和训练1.3。

1.6.4　仪器工具

全站仪1台，棱镜2套，测伞1把，记录板1个。

1.6.5　训练步骤

1. 水平角和垂直角测量

方向法观测4个目标的水平角的操作方法同经纬仪测角，具体步骤参见训练1.2和训
练1.3。

**2. 熟悉水平角（右角/左角）切换、垂直角与斜率（％）的转
换、天顶距和高度角的转换**

全站仪左、右角的定义，如图1.14所示。瞄准第一目标 A
后，照准部顺时针方向转动瞄准第二个目标 B 时扫过的角度为
右角，即图中的 $\beta_{右}$；瞄准第一目标 A 后，照准部逆时针方向转
动瞄准第二个目标 B 时扫过的角度为左角，即图中的 $\beta_{左}$。

确认处于角度测量模式，按 F4（↓）键两次转到第3页功
能，按 F2（R/L）键，则右角模式（HR）切换到左角模式（HL）。
每次按 F2（R/L）键，HR/HL 两种模式交替切换。

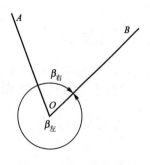

图1.14　左、右角定义

特别提示

使用全站仪进行角度测量时，通常使用右角模式观测。

3. 练习水平角的设置

1）通过锁定角度值进行设置

确认处于角度测量模式松开水平制动螺旋，转动照准部，使读数接近所需的水平角，拧紧水平制动螺旋，调节水平微动螺旋使读数为所需的水平角按 F2 （锁定）键，这时转动照准部，水平读数不变；照准目标，按 F3 （是）键，则完成水平角设置。

2）通过键盘输入进行设置

确认处于角度测量模式，照准目标后按 F3 （置盘）键，通过键盘输入所要求的水平角读数。如要输入 $60°30'20''$，只需按 60.3020 即可。

4. 垂直角与天顶距（图 1.15）

确认处于角度测量模式，按 F4 （↓）键转到第 3 页，按 F3 （竖角）键就可以进行垂直角和天顶距的互换。

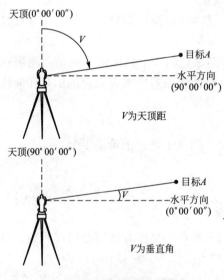

图 1.15 垂直角与天顶距

1.6.6 注意事项

（1）仔细阅读训练 1.1～训练 1.3 角度测量部分的注意事项，并严格遵守。

（2）仔细阅读训练 1.5，注意全站仪的安全。

1.6.7 训练成果

方向法观测水平角记录表

仪器型号_____　　　　　天气_____　　　　　时间_____
班组_____　　　　　观测者_____　　　　　记录者_____

测站	目标	读数		2C=左 一右±180 (″)	平均读数 (° ′ ″)	归零后 方向值 (° ′ ″)	各测回平 均方向值 (° ′ ″)
		盘左 (° ′ ″)	盘右 (° ′ ″)				

竖直角观测记录表

仪器型号_____　　　　　天气_____　　　　　时间_____
班组_____　　　　　观测者_____　　　　　记录者_____

测站	目标	竖盘位置	半测回竖直角 (° ′ ″)	指标差 (″)	一测回竖直角 (° ′″)	各测回平 均竖直角
		左				
		右				
		左				
		右				
		左				
		右				
		左				
		右				
		左				
		右				
		左				
		右				

训练项目2

距离测量

训练 2.1 距离测量

2.1.1 预做作业

（1）距离测量前如何进行大气改正设置和棱镜常数设置？

（2）如何进行距离的单次测量、N 次测量设置？

（3）全站仪距离测量模式有几种？

（4）光电测距仪的标称精度公式 $m_D = \pm(a + b \cdot D)$ 中，a、b、D 分别表示什么？

2.1.2 训练目的

掌握全站仪测量距离的方法。

2.1.3 仪器工具

每组借领全站仪 1 台，棱镜 2 套，温度计，气压计，测伞 1 把，记录板 1 个。

2.1.4 训练内容及要求

特别提示

在进行距离测量前，应首先进行大气改正的设置和棱镜常数的设置。

（1）进行大气改正和棱镜常数的设置。

（2）熟悉全站仪距离测量功能，每个学生进行至少 2 段距离的观测，每段距离观测一个测回，需往返观测，并计算相对误差，要求相对误差小于 1/4000。一个测回是指照准目标一次，一般读数 4 次，读数较差应小于 10mm。

知识链接

距离测量的精度常用相对误差 K 来衡量。相对误差计算公式：

$$K = \frac{|D_往 - D_返|}{D_平} = \frac{1}{\dfrac{D_平}{|D_往 - D_返|}}$$

全站仪距离测量模式显示内容：
距离测量模式（两个界面菜单）

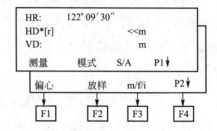

	F1	MEAS	进行测量
1	F2	MODE	设置测距模式，fine/coarse/tracking（精测/粗测/跟踪）
	F3	S/A	设置音响模式
	F4	P1↓	显示第 2 页软键功能
	F1	OFSET	选择偏心测量模式
2	F2	S.O	选择放样测量模式
	F3	M/f/I	距离单位米/英尺/英尺、英寸切换
	F4	P2↓	显示下一页（第 1 页）软键功能

2.1.5 训练步骤

1. 大气改正的设置

预先测得测站周围的温度和大气压。按 F3（S/A）键，进入设置。再按 F3（T－P）键，输入温度和大气压，也可以按 F2（PPM）键，直接输入大气改正值。

2. 棱镜常数的设置

南方全站仪的棱镜常数值为－30mm。在距离测量模式下按 F3（S/A）键进入设置，按 F1（棱镜）键输入棱镜常数值。

3. 大气折光和地球曲率改正

仪器在进行平距测量和高差测量时，可对大气折光和地球曲率的影响进行自动改正。大气折光和地球曲率的改正依下面所列的公式计算。

经改正后的平距：

$$D = S \times [\cos\alpha + \sin\alpha \times S \times \cos\alpha(K-2)/2R_e]$$

经改正后的高差：

$$h = S \times [\sin\alpha + \cos\alpha \times S \times \cos\alpha(1-K)/2R_e]$$

公式中：$K = 0.14$ 大气折光系数；

$\qquad R_e = 6370\text{km}$ 地球曲率半径；

$\qquad \alpha$（或 β）从水平面起算的竖角（垂直角）；

$\qquad S$ 斜距。

若不进行大气折光和地球曲率改正，则计算平距和高差的公式为：

$$D = S \cdot \cos\alpha, \quad h = S \cdot \sin\alpha$$

南方全站仪的大气折光系数出厂时已设置为 $K = 0.14$。K 值有 0.14 和 0.2 可选，也可选择关闭。可以按 F4 开机，在"F3：其他设置"里的"F3：两差改正"，可以设置。

4. 距离测量（图 2.1）

将仪器安置在测站点 A，B 上。全站仪设置温度、大气压及棱镜常数。照准棱镜中心后按 ◢ 键，距离测量开始。仪器正在测距时，在字符"HD"的右边将显示符号"＊"。显示测量的水平距离（HD）；再次按 ◢ 键，显示变为水平角（HR）、垂直角（V）和斜距（SD）。

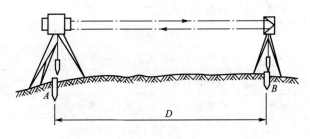

图 2.1　距离测量

 特别提示

（1）在进行距离测量前，应首先进行大气改正的设置和棱镜常数的设置。

（2）要从距离测量模式返回正常的角度测量模式，可按 ANG 键。

2.1.6　注意事项

（1）距离测量前，一定要设置温度、大气压和棱镜常数。

（2）HD 是平距，SD 是斜距。

2.1.7 实训成果

全站仪距离测量记录表

仪器型号_____ 天气_____ 时间_____
班组_____ 观测者_____ 记录者_____
温度：_____℃ 气压：_____hPa

边名	距离(m)				一测回距离平均值(m)	测回间距离平均值(m)	相对误差
	读数 1	读数 2	读数 3	读数 4			

训练 2.2 全站仪检校

2.2.1 预做作业

全站仪主要轴线应满足的几何关系是什么？

2.2.2 训练目的

熟悉全站仪检校的内容，了解全站仪检校的方法。

2.2.3 仪器工具

每组全站仪 1 台，棱镜 2 套，测伞 1 把，记录板 1 个。

2.2.4 训练内容及要求

每组完成一台全站仪的检验，并且讨论校正方法。检校内容包括：水准管检校、圆水准器检校、十字丝竖丝垂直于横轴的检校、光学对中器检校、视准轴与横轴垂直的检校、横轴与竖轴垂直的检校、竖盘指标差检校。

全站仪与经纬仪检校内容与方法大致相同，其中具体要求及方法可参见训练 1.4，这里只列出经纬仪检校中没有涉及的内容。

2.2.5 训练步骤

1. 水准管轴垂直于竖轴的检校

具体要求及方法可参见训练 1.4。

2. 圆水准器轴平行于仪器旋转轴的检校

1）检验

安置全站仪后，转动脚螺旋使圆水准器气泡居中，然后将仪器旋转 180°如果气泡仍居中，则表示该几何条件满足，不必校正，否则须进行校正。

2）校正

（1）全站仪不动，旋转脚螺旋，使气泡向圆水准器中心方向移动偏移量的一半，然后先稍微松动圆水准器底部的固定螺丝，分别用校正针拨动圆水准器底部的三个校正螺丝，使圆水准气泡居中。

（2）重复上述步骤，直至仪器旋转到任何方向时，圆水准气泡都居中为止。最后，把底部固定螺丝旋紧。

3. 十字丝竖丝垂直于横轴的检校

具体要求及方法可参见训练 1.4。

4. 视准轴垂直于横轴的检校

具体要求及方法可参见训练 1.4。

5. 横轴垂直于竖轴的检校

具体要求及方法可参见训练 1.4。

6. 竖盘指标差的检校

具体要求及方法可参见训练 1.4。

7. 光学对中器的检校

1) 检验

(1) 将仪器安置到三脚架上,在一张白纸上画一个十字交叉并放在仪器正下方的地面上。

(2) 调整好光学对中器的焦距后,移动白纸使十字交叉位于视场中心。

(3) 转动脚螺旋,使对中器的中心标志与十字交叉点重合。

(4) 旋转照准部,每转 90°,观察对中点的中心标志与十字交叉点的重合度。

(5) 如果照准部旋转时,光学对中器的中心标志一直与十字交叉点重合,则不必校正,否则需按下述方法进行校正,如图 2.2 所示。

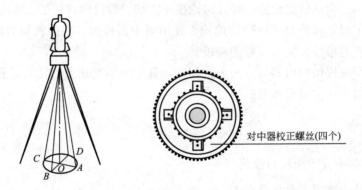

图 2.2　光学对中器检校

2) 校正

(1) 将光学对中器目镜端的护罩取下,可以看见四颗校正螺丝。

(2) 用直线连接对角点 AC 和 BD,两直线交点为 O。

(3) 用校正针调整对中器的四个校正螺丝,使对中器的中心标志与 O 点重合。

(4) 重复检验步骤 4,检查校正至符合要求。

(5) 将护盖安装回原位。

2.2.6　注意事项

(1) 实习课前,各组要准备白纸 1 张,用于光学对中器的检验。

(2) 每项检验内容,要认真讨论校正方法。

2.2.7 实训成果

全站仪检校记录表

仪器型号_____   时间_____
班组_____   观测者_____   记录者_____

水准管的检校			视准轴的检校			竖盘指标差的检校		
检校	项目	数值	检校	水平度盘读数		检校	竖直度盘读数	
检验	水准管	格		镜位	(° ′ ″)		镜位	(° ′ ″)
	圆水准器		检验	L			L	
				R		检验	R	
校正方法				C				
							$x=\frac{1}{2}(L+R-360°)=$	
	竖丝检校		校正方法			校正方法	正确 $R=$	
检验								
	横轴检校					光学对中器检校		
校正方法			检验	$i≈\tan i=\frac{m_1 m_0}{s.\tan\alpha}\cdot\rho''=$		检验		
			校正方法			校正方法		

45

训练项目3

导线测量

训练 3.1 全站仪坐标测量

3.1.1 预做作业

（1）如何设置后视方位角？
（2）坐标测量前应注意输入和设置哪些数据？

3.1.2 训练目的

掌握全站仪进行坐标测量的步骤和方法。

3.1.3 仪器工具

每组借领全站仪 1 台，棱镜 1 套，对中杆 1 套，温度计 1 个，气压计 1 个，测伞 1 把，记录板 1 个。

3.1.4 训练内容及要求

每组在校园内某一区域进行坐标测量，每人至少测量 6 个点的坐标，掌握全站仪测量坐标的方法。

3.1.5 训练步骤

1. 坐标测量模式的功能
坐标测量模式（3 个界面菜单）。

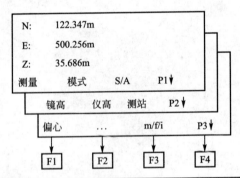

页数	软键	显示	功能
1	F1	测量	进行测量
	F2	模式	设置测距模式，fine/coarse/tracking（精测/粗测/跟踪）
	F3	S/A	设置音响模式
	F4	P1↓	显示第 2 页软键功能
2	F1	镜高	输入棱镜高
	F2	仪高	输入仪器高
	F3	测站	输入仪器站坐标
	F4	P2↓	显示第 3 页软键功能

(续)

页数	软键	显示	功能
3	F1	偏心	选择偏心测量模式
	F3	M/f/I	距离单位米/英尺/英尺、英寸切换
	F4	P3↓	显示下一页(第1页)软键功能

 特别提示

在进行坐标测量前,应该首先设置测站,主要内容包括:设置测站点坐标、仪器高、棱镜高及后视方位角。

2. 坐标测量步骤

(1)设置测站点坐标。设置仪器(测站点)相对于坐标原点的坐标,仪器可自动转换和显示未知点(棱镜点)在该坐标系中的坐标。

操作过程	操作	显示
① 在坐标测量模式下,按 F4 (↓)键,转到第二页功能	F4	N: 286.245m E: 76.233m Z: 14.568m 测量 模式 S/A P1↓ 镜高 仪高 测站 P2↓
② 按 F3 (测站)键	F3	N—> 0.000m E: 0.000m Z: 0.000m 输入 --- --- 回车 1 2 3 4 5 6 7 8 9 0.— [ENT]
③ 输入 N 坐标 ＊1)	F1 输入数据 F4	N: 36.976m E—> 0.000m Z: 0.000m 输入 --- --- 回车
④ 按同样方法输入 E 和 Z 的坐标,输入数据后,显示屏返回坐标测量显示		N: 36.976m E: 298.578m Z: 45.330m 测量 模式 S/A P1↓

(2) 设置仪器高。

操作过程	操作	显示
① 在坐标测量模式下，按 F4 (↓)键，转到第 2 页功能	F4	N: 286.245m E: 76.233m Z: 14.568m 测量 模式 S/A P1↓ 镜高 仪高 测站 P2↓
② 按 F2 (仪高)键，显示当前值	F2	仪器高 输入 仪高 0.000m 输入 --- --- 回车 1 2 3 4 5 6 7 8 9 0. — [ENT]
③ 输入仪器高 * 1)	F1 输入仪器高 F4	N: 286.245m E: 76.233m Z: 14.568m 测量 模式 S/A P1↓

(3) 设置棱镜高。

操作过程	操作	显示
① 在坐标测量模式下，按 F4 键，进入第 2 页功能	F4	N: 286.245m E: 76.233m Z: 14.568m 测量 模式 S/A P1↓ 镜高 仪高 测站 P2↓
② 按 F1 (镜高)键，显示当前值	F1	镜高 输入 镜高 0.000m 输入 --- --- 回车 1 2 3 4 5 6 7 8 9 0. — [ENT]
③ 输入棱镜高 * 1)	F1 输入棱镜高 F4	N: 286.245m E: 76.233m Z: 14.568m 测量 模式 S/A P1↓

（4）设置后视，并通过测量来确定后视方位角。

① 通过锁定角度值进行设置。

② 通过键盘输入角度值进行设置。

操作过程	操作	显示
设置已知点 A 的方向角	设置方向角	V：　　122°09′30″ HR：　　90°09′30″ 置零　锁定　置盘　P1↓

（5）测量待求点坐标。

操作过程	操作	显示
① 照准目标 B，按↗↘键	照准棱镜 ⟋	N：　　　　　<<　m E：　　　　　　m Z：　　　　　　m 测量　模式　S/A　P1↓
② 按 F1（测量）键，开始测量	F1	N *　　286.245m E：　　76.233m Z：　　14.568m 测量　模式　S/A　P1↓

3.1.6　注意事项

（1）应严格按照坐标测量的操作步骤进行：设置测站和坐标测量。

（2）设置测站是坐标测量中很重要的一个环节，必须认真对待。

（3）输入好后视方位角以后，一定要瞄准后视点，并按"测量"键进行测量，这时，设置后视方位角的工作才算完成。

3.1.7 实训成果

全站仪坐标测量记录表

仪器型号＿＿＿＿＿　　　　天气＿＿＿＿＿＿＿　　　　时间＿＿＿＿＿＿＿

班组＿＿＿＿＿＿＿　　　　观测者＿＿＿＿＿＿　　　　记录者＿＿＿＿＿＿

测站点：$x=$＿＿＿＿＿　　$y=$＿＿＿＿＿仪器高＿＿＿＿＿

温度：＿＿＿＿＿℃　　　气压：＿＿＿＿＿＿＿＿＿hPa

测点	棱镜高(m)	坐标(m)	
		x	y

训练 3.2 全站仪导线测量

3.2.1 预做作业

(1) 导线测量布设的形式有 _____ 、_____ 和 _____ 。

(2) 导线测量的外业包括哪些工作?

3.2.2 训练目的

(1) 要求使用全站仪通过测距、测角方法施测一条四个点的闭合导线,并采用近似平差方法计算各待定点坐标。

(2) 要求掌握导线测量数据处理的步骤及方法。

3.2.3 仪器工具

每组全站仪 1 台、棱镜 2 套、温度计 1 个、气压计 1 个、测伞 1 把,记录板 1 个。自备计算器。

3.2.4 训练内容及要求

(1) 每组选定不少于 4 个点的闭合导线进行施测,导线起点坐标和起始边方位角由老师给定。

(2) 用全站仪完成导线测量的选点及外业施测工作,要求绘出导线草图,在草图上标出起算数据和观测结果。

(3) 要求对中误差<2mm,整平误差<1 格。

(4) 测定每条导线的边长和转折角。

(5) 导线点号按逆时针编号,观测导线的内角,要求一个测回,半测回差≤±12″。

(6) 边长往测一个测回,一测回读数间较差≤20mm。测站读记温度、气压并输入全站仪。

(7) 精度要求按图根级导线:①导线内角和闭合差≤$\pm40''\sqrt{n}$;②导线全长相对闭合差≤1/4000。

3.2.5 训练步骤

1. 踏勘选点,建立标志

1) 每个小组在指定区域内,选定 4 个闭合导线点

选点要求如下:

(1) 导线点应选在土质坚实的地方,便于保存点位,安置仪器。

(2) 导线点应选在视野开阔处,便于控制和施测周围的地物和地貌。

(3) 相邻导线点之间应互相通视,边长应满足相应等级导线的相关规定,同时相邻边长比应大于 1∶3。

(4) 导线点要均匀分布且数量要满足要求。

2）建立标志

导线点的位置选定后，要及时建立标志。标志可以用木桩，并在桩顶钉一铁钉，或用油漆直接在硬化地面上进行标定。

2. 测定边长和水平角

导线转折角采用测回法观测一个测回，半测回差≤±12″，对于闭合导线，若按逆时针方向编号，则观测的既是多边形的内角也是前进方向的左角。

采用全站仪进行距离测量时，均需观测气压与温度并记入手簿。对于电磁波测距的图根级导线，边长往测一个测回（一测回指瞄准目标 1 次，读数 4 次）；另一测回读数间较差≤20mm。

3. 精度检核

边长和角度施测完毕之后，计算角度闭合差，检验是否超限。如果超限，应检查原因，并重新测量。

3.2.6　注意事项

（1）选点时，应注意点位分布均匀，相邻边长相差不要太大，一般要求相邻边长比应大于 1∶3。

（2）当观测短边间的转折角时，测站偏心与目标偏心对转折角的影响十分明显。因此，应特别仔细进行对中和精确照准。

（3）外业观测结束后，一定要检查角度闭合差是否超限，如果超限，应重测。

3.2.7 实训成果

导线测量外业记录表

仪器型号＿＿＿＿＿＿＿＿　　　天气＿＿＿＿＿＿＿＿＿＿　　　时间＿＿＿＿＿＿＿＿＿＿

班组＿＿＿＿＿＿＿＿＿＿　　　观测者＿＿＿＿＿＿＿＿＿　　　记录者＿＿＿＿＿＿＿＿

测站	竖盘位置	目标	水平度盘读数 (° ′ ″)	半测回角值 (° ′ ″)	一测回角值 (° ′ ″)	边名	边长(m)	
							观测值	平均边长

训练 3.3 内业计算

3.3.1 预做作业

（1）导线角度闭合差如何分配？

（2）坐标方位角如何推算？

3.3.2 训练目的

掌握导线测量内业计算的步骤和限差要求，掌握利用计算器进行导线测量数据计算的方法。

3.3.3 仪器工具

自备计算器。

3.3.4 训练内容及要求

要求每个同学对本小组已经测得的导线外业数据进行内业计算。采用的方法有两种：利用计算器进行导线测量内业计算；利用 EXCEL 进行导线测量内业计算。比较两种方法计算的结果，并总结各自的优缺点。

3.3.5 训练步骤

利用计算器进行闭合导线计算步骤如下。

（1）绘制导线略图，将测量的角度、边长数据，以及已知点坐标和已知方位角都标注在图上，如图 3.1 所示。

（2）角度闭合差的计算与分配。计算角度闭合差：

$$f_\beta = \sum \beta_i - (n-2) \times 180° \qquad (3-1)$$

要求 $f_{\beta容} = \pm 40'' \sqrt{n}$，满足要求后，将角度闭合差进行分配，分配的方法是：将角度闭合差按相反的符号平均分配到各转折角值中。

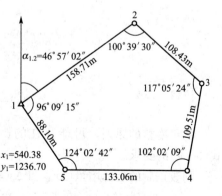

图 3.1 闭合导线略图

特别提示

在进行分配时，应注意：①改正数取整到秒值；②改正数之和应与闭合差大小相等，符号相反，即 $\sum v_{\beta i} = - f_\beta$。

（3）推算各边方位角。

推算方法按公式：

$$\alpha_{前} = \alpha_{后} + n \cdot 180° \pm \sum \beta_i (左角取 +，右角取 -) \qquad (3-2)$$

特别提示

在进行方位角推算时，应注意：①判断水平角是左角还是右角，避免推算错误；②当推算回到起始边时，推算的起始边方位角应与起始边已知方位角相等。

（4）计算坐标增量及增量闭合差。

首先计算各边的坐标增量，即

$$\Delta x = S \cdot \cos a, \quad \Delta y = S \cdot \sin a \qquad (3-3)$$

然后计算坐标增量闭合差，即 $f_x = \sum \Delta x, f_y = \sum \Delta y$，并计算导线全长闭合差

$$f_s = \sqrt{f_x^2 + f_y^2} \qquad (3-4)$$

最后计算导线全长相对闭合差

$$k = \frac{f_s}{\sum S} = \frac{1}{\dfrac{\sum S}{f_s}} \qquad (3-5)$$

当导线全长闭合差 $\leqslant 1/4000$ 时，对坐标增量闭合差进行分配，分配原则是：将坐标增量闭合差 f_x 和 f_y 分别以相反的符号，按与边长成正比例地分配到各坐标增量上，则各纵、横坐标增量的改正数 v_{xi}、v_{yi} 分别为

$$\left. \begin{aligned} v_{xi} &= \frac{D_i}{\sum D} f_x \\ v_{yi} &= \frac{D_i}{\sum D} f_y \end{aligned} \right\} \qquad (3-6)$$

校核
$$\left. \begin{aligned} \sum v_{xi} &= - f_x \\ \sum v_{yi} &= - f_y \end{aligned} \right\} \qquad (3-7)$$

由于凑整的原因，可能存在的微小不符值，应在适当的坐标增量上调整，以满足式(3-7)的要求。

则改正后的坐标增量 $\Delta x_{改}$ 和 $\Delta y_{改}$ 等于坐标增量计算值加上改正数，即

$$\left. \begin{aligned} \Delta x_{i改} &= \Delta x_i + v_{\Delta xi} \\ \Delta y_{i改} &= \Delta y_i + v_{\Delta yi} \end{aligned} \right\} \qquad (3-8)$$

校核
$$\sum \Delta x_{i改} = 0$$
$$\sum \Delta y_{i改} = 0$$

（5）导线点坐标计算。

根据导线起始点的已知坐标及改正后的坐标增量，依次推算各导线点的坐标。

$$\left. \begin{array}{ll} x_1 = x_B + \Delta x_{B1} & y_1 = y_B + \Delta y_{B1} \\ x_2 = x_1 + \Delta x_{12} & y_2 = y_1 + \Delta y_{12} \\ \cdots & \cdots \\ x_C = x_3 + \Delta x_{3-C} & y_C = y_3 + \Delta y_{3-C} \end{array} \right\} \qquad (3-9)$$

推算的起始点坐标应与已知值相同，以此进行检核。

3.3.6 注意事项

（1）严格按照导线计算的步骤进行计算。

（2）每一步计算要严格按照数据检核的要求进行检核，当检核结果不满足要求时，要查明原因。如果是外业测量数据有问题，就要返工重测。

3.3.7 实训成果

导线测量内业计算表

时间_____ 班组_____ 计算者_____

点号	转折角 (° ′ ″)	改正后角度 (° ′ ″)	坐标方位角 (° ′ ″)	边长 (m)	坐标增量		改正后坐标增量		坐标	
					Δx(m)	Δy(m)	Δx(m)	Δy(m)	X(m)	Y(m)
总和										

训练项目4

高程控制测量

训练 4.1　DS₃ 型水准仪的认识与使用

4.1.1　预做作业

1. 填空题

(1) 调节目镜对光螺旋，可以使_____，转动物镜对光螺旋，可以使_____。

(2) 整平仪器时，用脚螺旋使_____居中，称为_____，转动微倾螺旋使_____，称为_____。

(3) 读数前应注意消除_____。

(4) 准星与照门瞄准目标后，应固紧_____，再转动_____，使十字丝竖丝平分标尺。

2. 问答题

(1) 水准仪在一测站的操作步骤是什么？

(2) 水准仪由哪三部分组成？

4.1.2　训练目的

(1) 了解水准仪的构造，熟悉各部件的名称、功能及作用。

(2) 掌握水准测量观测、记录、计算的基本方法，学会水准尺的读数。

4.1.3　仪器工具

每组借领水准仪 1 套，水准尺 1 对，尺垫 2 个，记录板 1 个。

4.1.4　训练内容及要求

(1) 熟悉 DS₃ 型水准仪各部件名称及作用。DS₃ 型水准仪主要由望远镜、水准器和基座 3 部分组成。如图 4.1 所示为国产 DS₃ 型微倾式水准仪。

(2) 学会利用圆水准器整平仪器。

(3) 学会瞄准目标，消除视差及利用望远镜的中丝在水准尺上读数。

(4) 学会利用水准仪测定地面两点间的高差，并进行记录、计算。每个同学至少练习两次，并将观测数据记入手簿，进行高差与高程的计算。

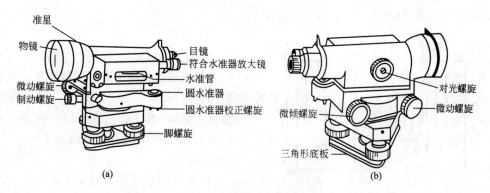

图 4.1　DS₃ 微倾式水准仪

4.1.5　训练步骤

1. 安置仪器

将三脚架张开，架头大致水平，高度适中，使脚架稳定（踩紧），然后用连接螺旋将水准仪固定在三脚架上。

2. 了解水准仪各部件的功能及使用方法

1）粗平

转动脚螺旋使圆水准器气泡居中（此为粗平），如图 4.2 所示。整平时先同时反向旋转两个脚螺旋使圆水准气泡置于 1、2 两脚螺旋的中间，再单独旋转第三个脚螺旋使气泡居中，若未达目的，可如法重复进行。

注意：气泡与左手拇指移动方向一致。

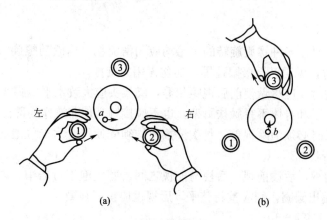

图 4.2　圆水准气泡整平

2）目镜对光

调节目镜对光螺旋，使十字丝清晰。此时，应选择较为明亮的背景，但切忌对准太阳。

3）瞄准目标

用准星和照门粗略照准目标，旋紧水平制动螺旋。旋转物镜调焦螺旋，使物像清晰。此时应注意消除视差，消除视差的唯一方法是精确微调物镜和目镜对光螺旋。转动水平微动螺旋精确照准目标。

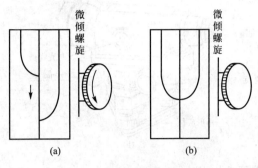

图 4.3　调水准管气泡居中

4）精平

转动微倾螺旋使水准管气泡居中（此为精平）。精平前应先由水准管窗口外看清气泡位置，再调微倾螺旋使气泡居中。微倾螺旋旋进（顺时针），水准管气泡移向目镜端，退出（反时针）则移向物镜端，如图 4.3 所示。

5）读数

应先认清水准尺分划和注记的规律，再在望远镜内练习读数。读数时应由小向大读取横丝读数。

 特别提示

（1）读数前水准管气泡一定要居中。

（2）读数时，读出米、分米、厘米、毫米四位读数，毫米位需估读。一般不读小数点，直接报读四位数字。

（3）厘米和毫米位读数不能涂改。

3. 高差测量练习

在仪器前后距离大致相等处各立一根水准尺，并假定一点为已知水准点。分别读出后视读数和前视读数 a_1、b_1，计算出两点之间的高差，并按已知水准点高程求出待求点的高程。

4.1.6　注意事项

（1）仪器操作时，各种螺旋旋转的手感均应匀滑流畅，当微动螺旋、微倾螺旋或脚螺旋突然旋转不动时，说明已至极限范围，切勿再用力旋拧。

（2）选择测站时，应尽量使前后视距相等，脚架头应大致水平，脚架应踩实。

（3）作业中，手和身体不得触扶脚架，也不应接触其他非操作的部位。

（4）瞄准标尺时必须消除视差，每次读数前均须先使符合水准气泡居中。读数完成后注意检核气泡是否仍然居中。

（5）应先读后视，后读前视。后视与前视之间若圆气泡不再居中，如未偏离圆圈，仍可继续施测，如偏出圆圈，则应重新整平，后视也应重新观测。

（6）手簿示例（表 4-1）。

表 4-1　测读数据

测站	测点	后视读数（m）	前视读数（m）	高差（m）		高程（m）	备注
				＋	－		
1	A	1.832		1.261		19.632	已知高程
	TP_1		0.571				

（续）

测站	测点	后视读数(m)	前视读数(m)	高差(m) +	高差(m) −	高程(m)	备注
2	TP_1	1.624		1.114			
	TP_2		0.510				
3	TP_2	0.713			0.921		
	TP_3		1.634				
4	TP_3	1.214			0.501		
	B		1.715			20.585	
$\sum$		5.383	4.430	2.375	1.422		
计算校核		$\sum a - \sum b = 5.383 - 4.430 = 0.953$ $\sum h = 0.953$ $H_{终} - H_{始} = 20.585 - 19.632 = 0.953$					

4.1.7 实训成果

DS₃ 型水准仪的认识与使用记录表

仪器型号_____　　　　天气_____　　　　时间_____

班组_____　　　　观测者_____　　　　记录者_____

安置仪器次数	测点	后视读数(m)	前视读数(m)	高差(m)	平均高差(m)	高程(m)
第一次						
第二次						

训练 4.2 普通水准测量

4.2.1 预做作业

(1) 在水准测量中，尺垫放置的位置，称为_____。

(2) 水准测量中，精确整平仪器读完后视尺读数转向前视尺时，发现符合水准气泡不再居中，应调_____螺旋，使气泡重新居中。

(3) 视线高是_____和_____。

(4) 测站检核的目的是检查各站_____的正确性。

4.2.2 训练目的

掌握普通连续水准测量的施测方法、步骤和成果计算。

4.2.3 仪器工具

每组借领水准仪 1 套，水准尺 1 对，尺垫 2 个，记录板 1 个。

4.2.4 训练内容及要求

(1) 每组施测一个测段的高差，至少设定一个转点；已知一个点的高程，通过转点，求另一个点的高程。

(2) 每一个测站采用变动仪器高法或双面尺法进行测站检核。要求测站检核高差不超过±6mm。

4.2.5 训练步骤

(1) 从已知点开始，将仪器安置在两点中间，测定已知点和转点 1 之间的高差。

(2) 变动仪器高度超过 10cm 或采用双面尺法，重新测定两点高差，检核合格后，搬到下一站。

(3) 在下一站重复以上方法观测，直至测到终点为止。

 知识链接

水准测量成果检核：(1) $h_{AB} = h_1 + h_2 + \cdots + h_n = \sum\limits_{n-1}^{n} h_i = \sum a - \sum b$。

(2) $H_B - H_A = \sum h_i = \sum a - \sum b$。

4.2.6 注意事项

(1) 在观测过程中，注意标尺要立直，不要移动尺垫。

(2) 当测站观测完毕，并检验成果合格后，再搬站。

4.2.7 实训成果

普通水准测量记录表

仪器型号_____ 天气_____ 时间_____
班组_____ 观测者_____ 记录者_____

测站	测点	后视读数(m)	前视读数(m)	高差(m)	平均高差(m)	备注
校核计算 $\sum$						

训练 4.3　闭合水准测量

4.3.1　预做作业

（1）水准路线有以下 3 种形式：_____、_____和_____。

（2）闭合水准路线的检核条件是_____。

4.3.2　训练目的

掌握闭合水准路线的施测方法，以及高差闭合差的计算和调整。

4.3.3　仪器工具

每组借领水准仪 1 套，水准尺 1 对，尺垫 2 个，记录板 1 个。

4.3.4　训练内容及要求

（1）每组实测一条 4 站的闭合水准路线。在路线上选定 1～2 个待测高程点，与已知水准点一起构成一条闭合水准路线。

（2）前、后视距应大致相等，测站校核采用两次仪器高法或双面尺法，限差为 ±6mm。

（3）观测精度满足要求后，根据观测结果进行水准路线高差闭合差的调整和高程计算，水准路线闭合差限差为 $\pm 12\sqrt{n}$ mm 或 $\pm 40\sqrt{L}$ mm（n 为测站总数，L 为以 km 为单位的水准路线长度）。

4.3.5　训练步骤

（1）从已知点 BM_A 开始，按照预定的路线逐站施测。观测时，持尺者先在已知点上立尺，观测者将仪器安置于适当地点，另一人沿线路前进方向选一转点（TP_1），安置尺垫，将水准尺立于尺垫之上。每站前、后视距离大致相等。仪器至水准尺的距离（即视距）可用步测法进行估测。仪器置平后，分别读取后视读数和前视读数，均记入手簿中。

（2）第一站观测完毕，搬仪器至第二站，TP_1 上水准尺转至另一面，使其重新面向仪器，并由第一站的前视变为第二站的后视；将 BM_A 上水准尺向前移至另一点上，并设其为第二站的前视。设第二站的后视、前视读数分别为 a_2 和 b_2。

（3）依此法观测整条水准路线，最后闭合到已知水准点 BM_A（或附合到另一已知水准点 BM_B）。现场计算全线高差闭合差。高差闭合差应在限差之内，否则，应当返工。

（4）对符合要求的观测成果进行闭合差的调整和高程计算。

 知识链接

闭合水准路线闭合差：

$$\Delta h = \sum h_{测}$$

闭合差分配：

$$V_i = -\frac{\Delta h}{\sum n} \times n_i \text{（山地）}$$

或

$$V_i = -\frac{\Delta h}{\sum L} \times L_i \text{（平地）}$$

4.3.6 注意事项

（1）在已知点和待求点上，不应放置尺垫，而转点则必须放置尺垫。

（2）作为前视点的转点，当仪器迁站时不得有任何移动；作为后视点的转点，只有当测站观测工作全部完毕、仪器迁离测站后才能移动。

（3）每次读数前水准管气泡要严格居中；读数时水准尺应立直。

（4）仪器安置须稳固，注意消除视差。

（5）前、后视距离应大致相等。

4.3.7 实训成果

闭合水准路线记录表

仪器型号_____   天气_____   时间_____
班组_____   观测者_____   记录者_____

测站	测点	后视读数(m)	前视读数(m)	高差(m)	平均高差(m)	备注
						$f_{h允}=\pm12\sqrt{n}\,mm=$
校核计算 $\sum$						

闭合水准路线计算表

点号	距离或测站	实测高差(m)	改正数(m)	改正后高差(m)	高程(m)
$\sum$					

训练 4.4 水准仪检校

4.4.1 预做作业

1. 填空题

(1) 水准仪应满足的几何条件有：_____、_____
和_____。

(2) 水准管轴若不平行于视准轴，除加以校正外，在观测时，可采取_____
观测方法，可以消除或减小此项误差的影响。

(3) 望远镜视准轴是_____的连线；水准管轴是_____。

2. 问答题

水准仪提供水平视线的必要条件是什么？

4.4.2 训练目的

(1) 熟悉 DS_3 水准仪各轴线应满足的条件。

(2) 掌握 DS_3 水准仪的检验与校正方法。

4.4.3 仪器工具

每组 DS_3 水准仪 1 套，水准尺 1 对，尺垫 2 个，记录板 1 个。

4.4.4 训练内容及要求

每组完成 1 台水准仪的检验，并讨论校正方法。主要内容包括以下几方面：

(1) 圆水准器的检验与校正。

(2) 横丝的检验与校正。

(3) 水准管轴的检验与校正。

4.4.5 训练步骤

1. 了解水准仪的轴线及应满足的条件

水准仪的轴线如图 4.4 所示。各轴线应满足的条件是：

(1) 圆水准器轴平行于仪器的竖轴。

(2) 十字丝横丝垂直于竖轴。

(3) 水准管轴平行于视准轴。

注意：第三个条件是主要条件。

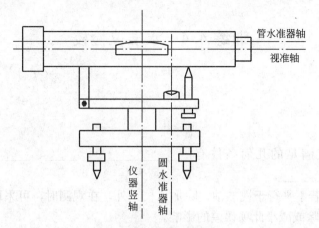

图 4.4　水准仪的轴线

2. 按实习报告所列项目进行一般检查

3. 圆水准器轴平行于竖轴的检验与校正

(1)检验。调脚螺旋使圆水准器气泡居中，旋转仪器 180°，若气泡偏离圆圈，则需校正，如图 4.5 所示。

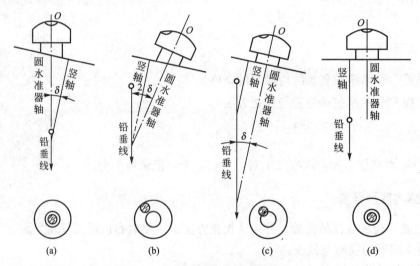

图 4.5　圆水准器轴检校原理及方法

(2)校正。调脚螺旋使气泡移回偏移量的一半，拨圆水准器校正螺丝(图 4.6)，使气泡退回偏移量的另一半，即居中(讨论)。

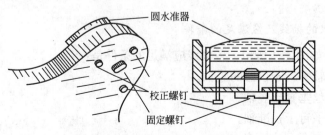

图 4.6　圆水准器校正螺丝

4. 十字丝横丝垂直于竖轴的检验与校正(图 4.7)

（1）检验。用微动和微倾螺旋使十字丝交点对准一明显标志点，旋转水平微动螺旋，若该点偏离横丝，则需校正。

（2）校正(讨论)。放松十字丝镜筒固定螺丝，转动十字丝筒，使横丝对准该点，再上紧固定螺丝。

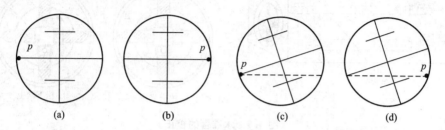

(a)　　　　　(b)　　　　　(c)　　　　　(d)

图 4.7　十字丝检验校正

5. 视准轴平行于水准管轴的检验与校正(图 4.8)

（1）检验。在比较平坦的地面上选择相距 80m 左右的 A、B 两点，分别在两点上放上尺垫，踩紧并立上水准尺。安置水准仪于 A、B 两点的中间，使两端距离严格相等，测定其正确高差 h。将仪器搬至距前视尺约 3m 处，读后视读数 a'，再读前视读数 b'，得高差 h'。若 $a' \neq b' + h$，则需按照公式(4-1)计算 i 角，即

$$i = \frac{\Delta h}{D_{AB}} \rho''$$
(4-1)

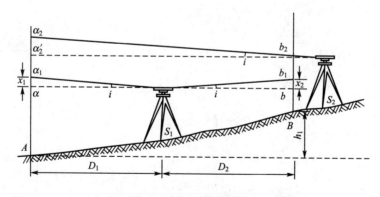

图 4.8　水准管轴的检校

式中：$\Delta h = (b' + h) - a'$；$\rho'' = 206265''$。

对于 DS_3 型微倾水准仪，i 角值不得大于 $20''$；如果超限，则需要校正。

（2）校正(讨论)。调微倾螺旋使后视读数为 $b' + h$，拨水准管上下两校正螺旋使气泡居中，如图 4.9 所示。

4.4.6　注意事项

（1）必须按训练步骤规定的顺序进行检验和校正，顺序不能颠倒。

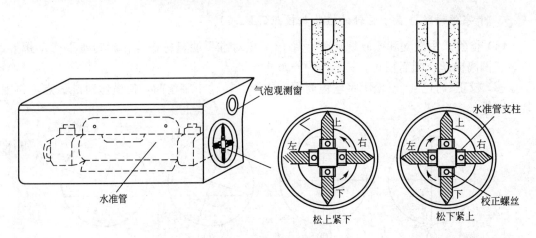

图 4.9　水准管的校正

（2）拨动校正螺丝时，应先松后紧，一松一紧，用力不宜过大；校正结束后，校正螺丝不能松动，应处于稍紧状态。

（3）每一项检验与校正都应反复进行 2～3 次，直至满足要求。注意不能只简单地校正 1 次。

4.4.7　实训成果

DS₃水准仪的检验与校正记录表

仪器编号：　　　　　　　　　　　　检验日期：

检验者：　　　　　　　　　　　　　记录者：

1. 一般检查

仪器部件是否完备	
脚架是否稳固	
制动、微动、微倾及脚螺旋是否有效	
其他	

2. 圆水准器轴平行于竖轴

检验结果	气泡偏离量（目估 mm）			
	第一次		第二次	
校正方法				

3. 十字丝横丝垂直于竖轴

检验结果	视场内目估横丝一端与目标的偏离量（mm）			
	第一次		第二次	
校正方法				
误差消除方法				

4. 视准轴平行于水准管轴

仪器在中间求正确高差			仪器在前视点旁检验结果		
第一次	后视读数 a_1		第一次	后视读数 a	
	前视读数 b_1			前视读数 b	
	$h_1 = a_1 - b_1$			后视应读数 $a' = b + h$	
第二次	后视读数 a_2		第二次	误差值 Δh	
	前视读数 b_2			后视读数 a	
	$h_2 = a_2 - b_2$			前视读数 b	
应平均	$h = \dfrac{1}{2}(h_1 + h_2) =$			后视应读数 $a' = b + h$	
				误差值 Δh	
				计算 $i = \dfrac{\Delta h}{D_{AB}} \rho''$	
校正方法					
误差消除方法					

训练 4.5　四等水准测量

4.5.1　预做作业

（1）四等水准测量的各项限差是：前、后视较差＿＿＿＿＿＿＿；前、后视累积差＿＿＿＿＿＿＿；最大视距差＿＿＿＿＿＿＿；红、黑面读数较差＿＿＿＿＿＿＿；红、黑面高差较差＿＿＿＿＿＿＿；高差闭合差允许值为＿＿＿＿＿＿＿。

（2）四等水准测量一测站的观测顺序为：＿＿＿＿＿＿＿＿＿＿，中丝读数前应特别注意＿＿＿＿＿＿＿＿＿。

4.5.2　训练目的

（1）通过四等水准测量的具体实施，明确四等水准测量的观测步骤、限差要求。

（2）掌握进行四等水准测量的施测方法、成果检核计算。

4.5.3　仪器工具

每组 DS$_3$ 水准仪 1 套，水准尺 1 对，尺垫 2 个，记录板 1 个。

4.5.4　训练内容及要求

（1）每组完成 1 条 4 站的闭合四等水准路线测量：一人观测；两人立；一人记录，每站应轮换工种。在校园内布设一条水准路线，在路线上选定 1～2 个待测水准点，另外再选定一个转点，由已知水准点 BM_A 出发，依次测到待测水准点和转点，再闭合到 BM_A。在施测过程中，需检核每站观测结果是否符合要求，如超限，应及时返工重测；最后对整条水准路线成果进行检核计算。

（2）四等水准测量每测站照准标尺顺序为：

① 后视标尺黑面，精平，读取上、下、中丝读数。

② 后视标尺红面，精平，读取中丝读数。

③ 前视标尺黑面，精平，读取上、下、中丝读数。

④ 前视标尺红面，精平，读取中丝读数。

四等水准测量测站观测顺序简称为：后—后—前—前（或黑—红—黑—红）。

（3）四等水准测量限差要求（表 4-2）。

表 4-2　四等水准测量限差要求

等级	视线长度(m)	前后视较差(m)	前后视累积差(m)	视线离地面最低高度(m)	黑红面读数较差(mm)	黑红面高差较差(mm)	高差闭合差
四等	100	5	10	0.2	3.0	5.0	$\pm 20\sqrt{L}$

4.5.5　训练步骤

（1）安置水准仪，使前、后视距离大致相等。将望远镜对准后视尺黑面（此时注意尺子竖直），用微倾螺旋调节水准管气泡居中，再按上丝、下丝和中丝顺序精确读取尺上读数，记入表中。

（2）照准后视尺红面（将后视尺黑面转为红面），只按中丝精确读取尺上读数，记入表中。注意读数前应检查水准管气泡是否居中。

（3）将望远镜照准前视尺黑面，再调水准管气泡居中，按上丝、下丝、中丝顺序精确读取尺上读数，记入表中。

（4）照准前视尺红面，只按中丝精确读取尺上读数，记入表中。注意读数前应检查水准管气泡是否居中。

至此，一个测站上的操作已告完成。

（5）当测站观测记录完毕后，应立即计算并对各项限差要求进行检查。若超限，应检查本站观测成果，查找原因并重测。

（6）测量完毕，进行水准路线成果检查和计算。

（7）手簿示例（表4-3）。

表4-3 测量数据

测站编号	测点编号	后尺	前尺	方向及尺号	标尺读数(m)		K 加黑减红 (mm)	高差中数(m)	备注
		下丝 上丝	下丝 上丝		黑面	红面			
		后距	前距						
		视距差 d(m)	$\sum d$ (m)						
		(1)	(4)	后	(3)	(8)	(14)	(18)	
		(2)	(5)	前	(6)	(7)	(13)		
		(9)	(10)	后－前	(15)	(16)	(17)		
		(11)	(12)						
1	BM_1-Z_1	1.571	0.739	后 01	1.384	6.171	0	+0.8325	
		1.197	0.363	前 02	0.551	5.239	−1		
		37.4	37.6	后－前	+0.833	+0.932	+1		
		−0.2	−0.2						
2	Z_1-Z_2	2.121	2.196	后 02	1.934	6.621	0	−0.0745	$K_{01}=4.787$ $K_{02}=4.687$
		1.747	1.821	前 01	2.008	6.796	−1		
		37.4	37.5	后－前	−0.074	−0.175	+1		
		−0.1	−0.3						
3	Z_2-Z_3	1.914	2.055	后 01	1.566	6.353	0	−0.0605	
		1.539	1.678	前 02	1.626	6.314	−1		
		37.5	37.7	后－前	−0.060	+0.039	+1		
		−0.2	−0.5						
4	Z_3-BM_2	1.965	2.141	后 02	1.832	6.519	0	−0.1745	
		1.700	1.874	前 01	2.007	6.793	+1		
		26.5	26.7	后－前	−0.175	−0.274	−1		
		−0.2	−0.7						

每页校核

$$\sum(9)=138.8 \qquad \sum[(3)+(8)]=32.380 \qquad \sum[(15)+(16)] \qquad \sum(18)=+0.523$$

$$-)\sum(10)=139.5 \qquad -)\sum[(6)+(7)]=31.334 \qquad =+1.046 \qquad 2\sum(18)=+1.046$$

$$=-0.7 \qquad\qquad\qquad =+1.046$$

$$总视距=\sum(9)+\sum(10)=278.3(m)$$

4.5.6 注意事项

（1）每站应按照四等水准测量观测顺序和要求进行观测。

（2）读数前应消除视差，从后视转为前视（或相反），望远镜不能重新调焦；水准管的气泡一定要严格居中。

（3）计算平均高差时，都是以黑面尺计算所得高差为基准。

（4）每站观测完毕，立即进行计算，该测站的所有检核均符合要求后方可搬站，否则必须立即重测。全线路观测完毕，线路高差闭合差在容许范围内，方可收测，结束实验。

（5）仪器未搬站，后视尺不可移动；仪器搬站时，前视尺不可移动。

（6）每页计算校核时，后视黑、红面读数总和减去前视黑、红面读数总和应等于各站黑、红面高差总和。如果有误，须逐项检查计算中的差错并进行改正。

4.5.7　实训成果

四等水准测量记录表

仪器型号_____　　　　天气_____　　　　　　时间_____
班组_____　　　　　　观测者_____　　　　　记录者_____

点号	后尺 下丝 上丝 / 后距 / 视距差	前尺 下丝 上丝 / 前距 / 累积差	方向及尺号	标尺读数(m) 黑面	标尺读数(m) 红面	K+黑-红	高差中数
			后				
			前				
			后-前				
			后				
			前				
			后-前				
			后				
			前				
			后-前				$K_1=$ $K_2=$
检核计算							

训练 4.6 三角高程测量

4.6.1 预做作业

1. 填空题

(1) 三角高程测量计算高程的公式_____。

(2) 三角高程测量需要观测和量取做数据有_____。

2. 问答题

三角高程测量中如何消除地球曲率和大气折光影响?

4.6.2 训练的目的

(1) 掌握全站仪三角高程导线的作业过程。

(2) 施测一条闭合三角高程导线,计算往返较差、路线闭合差,在符合限差的情况下计算各点高程。

4.6.3 仪器与工具

每组借全站仪 1 套,棱镜 2 个,钢卷尺 3 把,记录板 1 个。

4.6.4 训练内容及要求

全组共同施测一条闭合三角高程导线,包括已知点在内共 4 个点。确定路线前进方向。人员分工:两人安置棱镜、一人观测、一人记录。施测一站后,轮换工作。三角高程测量的主要技术要求见表 4-4。

表 4-4 三角高程测量的主要技术要求

仪器类型	中丝法测回数		垂直角较差、指标差较差(″)	对向观测高差、单向两次高差较差(m)	各方向推算的高程较差(m)	附和线段或环线闭合差	
	经纬仪三角高程测量	高程导线				经纬仪三角高程测量(m)	光电测距三角高程测量(mm)
DJ_6	1	对向1单向2	≤25	≤0.4×S	≤0.2H	$\pm 0.1H\sqrt{ns}$	$\pm 40\sqrt{[D]}$

注:S 为边长(km);H 为基本等高距(m);D 为测距边边长(km);ns 为边数。

4.6.5 训练步骤

(1) 在每一测站上,观测者安置仪器,包括对中与整平,然后用钢卷尺在记录人员的帮助下量测仪器高 i,由记录员记在记录表上,仪器高量至毫米。打开电源开关,设置棱镜常数、温度和气压等。

（2）在相邻的两个导线点分别安置棱镜，量取各自的棱镜高 v，并记录，棱镜高量至毫米。

（3）观测者瞄准导线点，测定水平距离，读取竖直角，记录员将读数记入记录表。竖直角观测时，要求采取对向观测一个测回，或者单向观测两个测回，图根级高程导线限差要求：一测回竖直角较差$\leqslant 25''$，指标差较差$\leqslant 25''$；边长测量取两次读数的平均值，两次读数差不超过 10mm。

（4）记录员利用公式 $h=S\tan\alpha+i-V$ 计算两点间高差，要求对向观测高差或单向两次高差较差$\leqslant 0.4S(m)$，S 为两点间边长。

当第二测站观测结束后，记录者要马上检查往返高差有没有超限。若符合限差，则取平均高差作为这两点的高差，符号与前进方向的高差一致。

（5）测完整条路线，则要计算路线闭合差。闭合差应小于$\pm 40\sqrt{L}$mm，其中 L 为整条路线长度（即前面所测各边之和，化成 km 为单位）。

（6）对闭合差进行分配，计算各点高程。

4.6.6　注意事项

（1）三角高程导线测量工作要求全组人员紧密配合。

（2）仪器高与棱镜高的量取要精确到 mm，要两人认真配合，保证钢卷尺铅垂。

（3）第一测站的观测者要进行棱镜常数、温度、气压等的设置，距离测量选用精测模式。

（4）边长观测单向即可。

（5）当边长大于 400m 时，应考虑地球曲率和折光差的影响。

（6）计算时，角度取至秒，高差应取至 cm。

4.6.7 实训成果

竖直角观测记录表

仪器型号_____　　天气_____　　时间_____
班组_____　　观测者_____　　记录者_____

测站	目标	竖盘位置	半测回竖直角(° ′ ″)	指标差(″)	一测回竖直角(° ′ ″)
		左			
		右			
		左			
		右			
		左			
		右			
		左			
		右			
		左			
		右			
		左			
		右			

三角高程导线测量记录表

测站点	仪器高 i	照准点	目标高 V	边长 S	初算高差 VD	高差 h	高差平均值	高差改正数	改正后高差	高程	备注
1		4									
		2									
2		1									
		3									
3		2									最后一行1点不测,只把前面测的数据往下移
		4									
4		3									
		1									
1		4									
Σ											

训练项目5

全站仪数据采集

训练 5.1　全站仪数据采集(草图法)

5.1.1　预做作业

1. 填空题

(1) 数据采集的作业模式有 _____。
(2) 地物特征点是指 _____。
(3) 地貌特征点是指 _____。

2. 问答题

利用全站仪进行后视定向时,应该注意什么问题?

5.1.2　训练目的及要求

(1) 掌握全站仪进行数据采集(草图法)的作业方法及过程。
(2) 掌握地物和地貌特征点的选择方法。
(3) 每组在指定区域内进行地物和地貌采集:1个人观测;1个人画草图;2个人立棱镜。

5.1.3　仪器工具

每组借领全站仪1台,棱镜2套,对中杆2套,小钢尺1把,记录板1个,自备草图纸。

5.1.4　训练内容及要求

每组在指定区域内进行地物和地貌采集。《工程测量规范》(GB 50026—2007)规定了全站仪数字测图的最大视距长度,见表 5-1。

表 5-1　地物点、地形点测距的最大长度　　　　　　　　　　　单位:m

测图比例尺	测距最大长度	
	地物点	地形点
1:500	160	300
1:1000	300	500
1:2000	450	700

1. 地物特征点的选择

地物特征点主要是地物轮廓的转折点,连接这些特征点,便可得到与实地相似的地物形状。一般情况下,主要地物凹凸部分在图上大于 0.4mm 时均应表示出来。

如测量房屋时,应选房角点,围墙、电力线的转折点,道路河岸线的转弯点、交叉点,电杆、独立树的中心点等。测量电杆时一定要注意电杆的类别和走向。成排的电杆不必每一个都测，可以隔一根测一根或隔几根测一根，因为这些电杆是等间距的，在内业绘图时可用等分插点画出，但有转向的电杆一定要实测。测量道路可测路的一边，量出路宽。

2. 地貌特征点的选择

地貌特征点应选在最能反映地貌特征的山顶、鞍部，山脊线、山谷线等地性线上的地形变换处、山坡倾斜变换处和山脚地形变换的地方。

5.1.5 训练步骤 (以南方全站仪 NTS－350 为例)

(1) 按下 $\boxed{\text{MENU}}$ 键，仪器进入主菜单 1/3 模式，按下 $\boxed{\text{F1}}$ (数据采集)键，显示数据采集菜单 1/2。

(2) 选择数据采集文件，使其所采集数据存储在该文件中。

(3) 选择坐标数据文件。可进行测站坐标数据及后视坐标数据的调用(当无需调用已知点坐标数据时，可省略此步骤)。

(4) 置测站点，包括输入仪器高和测站点点号及坐标。

(5) 置后视点，通过测量后视点进行定向，确定方位角。

(6) 置待测点的棱镜高，开始采集，自动存储数据。

特别提示

(1) 测量数据：被采集的数据存储在测量数据文件中。

(2) 测点数目：(在未使用内存于放样模式的情况下) 最多可达 3440 个点。

(3) 当棱镜难于直接安置在目标点 (如在树木的中心，水池的中心)，可以选择偏心测量模式。一共有 4 种偏心测量模式：角度偏心测量、距离偏心测量、平面偏心测量和圆柱偏心测量。可以选择一种模式，并进行练习。

(7) 角度偏心测量模式。当棱镜直接架设有困难时，此模式是十分有用的，如在树木的中心。只要将棱镜安置于和仪器平距相同的点 P 上，在设置仪器高度/棱镜高后进行偏心测量，即可得到被测地物中心位置的坐标。

如果测量地面点 A_1 的坐标：应输入仪器高/棱镜高。

如需测量点 A_0 的坐标：只需输入仪器高(设置棱镜高为 0)。

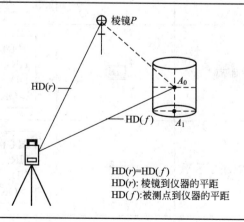

HD(r)=HD(f)
HD(r): 棱镜到仪器的平距
HD(f):被测点到仪器的平距

操作过程	操作	显示
① 按 F3 (测量)键	F3	点号　　　　　->PT-01 编码　->　　SOUTH 镜高　->　　1.200m 输入　查找　测量　同前 角度　*斜距　　坐标　偏心
② 按 F4 (偏心)键	F4	偏心测量　　　　　1/2 F1：角度偏心 F2：距离偏心 F3：平面偏心　　　P1↓
③ 按 F1 (角度偏心)键	F1	角度偏心 HR：　　　120°30′20″ SD：　　　　　　　m >照准?　　　[是][否]
④ 照准棱镜	照准 P	
⑤ 按 F3 (是)键进行连续测量	F3 开始测量 F4 (设置)确定	偏心测量 HR：　　　170°30′20″ SD * [n]　　　　<m >测量…　　　　设置 偏心测量 HR：　　　120°30′20″ SD *　　　12.453m >OK?　　　[是][否]
⑥ 转动水平制、微动螺旋照准目标点 A_0	照准 A_0	偏心测量 HR：　　　120°30′20″ SD：　　　12.453m >OK?　　　[是][否]
⑦ 显示目标点 A_0 的水平距离	◢	偏心测量 HR：　　　123°30′20″ HD：　　　7.453m >OK?　　　[是][否]
⑧ 显示目标点的高差 每次按一下 ◢ 键，可顺序显示平距,高差和斜距	◢	偏心测量 HR：　　　120°30′20″ VD：　　　0.853m >OK?　　　[是][否]

(续)

操作过程	操作	显示
⑨ 显示目标点 A_0 或 A_1 的 N 坐标(北坐标)每按下一次，可顺序显示 N、E、Z	⤢	N: $\quad$ -12.453m E: $\quad$ -10.253m Z: $\quad$ -1.453m ＞OK? $\quad$ [是][否]
⑩ 按 F3 (是)键 数据被记录，进入下一个目标点测量显示屏	F3	点号: $\quad$ PT-11 编码: $\quad$ SOUTH 镜高: $\quad$ 1.200m 输入 查找 测量 同前

(8) 距离偏心测量。通过输入目标点偏离反射棱镜的前后左右的偏心水平距离，即可测定该目标点的位置。

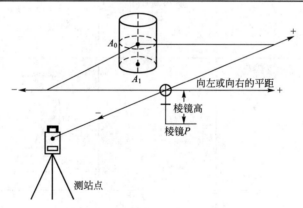

操作过程	操作	显示
① 按 F3 (测量)键	F3	点号 $\quad$ ->PT-01 编码 -> $\quad$ SOUTH 镜高 -> $\quad$ 1.200m 输入 查找 测量 同前 角度 *斜距 坐标 偏心
② 按 F4 (偏心)键	F4	偏心测量 $\quad$ 1/2 F1: 角度偏心 F2: 距离偏心 F3: 平面偏心 $\quad$ P1↓

（续）

操作过程	操作	显示
③ 按 F2（距离偏心）键	F2	距离偏心 输入右或左偏距 OHD:　　　　　　0.000m 输入　—　跳过　回车
④ 按 F1（输入），输入向右或向左偏心距 *1）按 F4（回车）	F1 输入偏心距 F4	距离偏心 输入向前偏距 OHD:　　　　　　0.000m 输入　—　跳过　回车
⑤ 按 F1（输入），输入向前偏心距 *1）按 F4（回车）	F1 输入偏心距 F4	距离偏心 HR:　　　　　120°30′20″ HD:　　　　　　　　　m 测量　— — —
⑥ 照准目标点 P，按 F1	照准 A_0 F1	距离偏心 HR:　　　　　120°30′20″ HD:　　　　　　　　　m >OK?　　　〔是〕〔否〕 ＜　　完成　　＞
⑦ 按 F3 测量数据被记录，进入下一个目标点测量显示屏	F3	点号:　　　　　　PT - 10 编码:　　　　　　SOUTH 镜高:　　　　　　1.354m 输入　查找　测量　同前

　　*1）按 F3（跳过），可省去该输入

　　这里只列出了角度偏心和距离偏心，平面偏心测量和圆柱偏心测量可参考仪器使用手册。

　　（9）平面偏心测量。该功能用于测定无法直接测量的点位，如测定一个平面边缘的距离或坐标。

　　此时首先应在该模式下测定平面上的任意三个点（P_1，P_2，P_3）以确定被测平面，照准测点 P_0，然后仪器就会计算并显示视准轴与该平面交点距离和坐标。

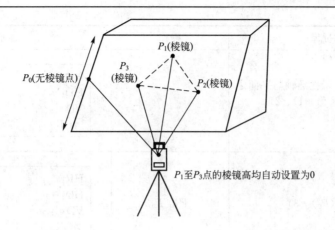

P_1至P_3点的棱镜高均自动设置为0

操作过程	操作	显示
① 按 F3（测量）键	F3	点号　　　−>PT - 01 编码　−>　　　SOUTH 镜高　−>　　　1.200m 输入　查找　测量　同前 角度　＊斜距　坐标　偏心
② 按 F4（偏心）键	F4	偏心测量　　　　　1/2 F1：角度偏心 F2：距离偏心 F3：平面偏心　　　P1↓
③ 按 F3（平面偏心）键	F3	平面偏心 N001♯ SD＊：　　　　m 测量 — — —
④ 照准棱镜 P_1，按 F1（测量）键，开始 N 次测量，测量结束显示屏提示进行第二点测量	照准 P_1 F1	平面偏心 N001♯ SD＊［n］：　　　<<m 测量……
⑤ 按同样方法进行第二点和第三点的测量，显示屏变为平面偏心测量下	照准 P_2 F1	平面偏心 N002♯ SD＊：　　　m 测量 — — —
	照准 P_3 F1	平面偏心 N003♯ SD＊：　　　m 测量 — — —

(续)

操作过程	操作	显示
⑥ 仪器计算并显示视准轴与平面之间交点的坐标和距离值＊1)、2)		HR：　　　　　50°10′12″ HD：　　　　　11.314m VD＊：　　　　　4.245m ＞OK?　　　　[是]　[否]
⑦ 照准平面边缘(P_0)＊3)	照准 P_0	HR：　　　　　50°10′12″ HD：　　　　　11.314m VD＊：　　　　　4.245m ＞OK?　　　　[是]　[否]
⑧ 每次按◢键，则依次显示平距、高差和斜距。◺可显示坐标	◢	V：　　　　　80°45′45″ HR：　　　　　50°10′12″ SD＊：　　　　　4.245m ＞OK?　　　　[是]　[否]
⑨ 按F3(是)键，测量数据被存储。显示返回到数据采集模式下的一个点号		点号　　　　－＞PT-02 编码　－＞　　　SOUTH 镜高　－＞　　　1.200m 输入　查找　测量　同前

    a. 若由 3 个观测点不能通过计算确定一个平面时，则会显示错误信息，此时应从第一点开始重新观测。

    b. 数据显示为偏心测量模式之前的模式。

    c. 当照准方向与所确定的平面不相交的时候会显示错误信息

    (10) 圆柱偏心测量。直接测定圆柱面上(P_1)点的距离，然后通过测定圆柱面上的(P_2)和(P_3)点方向角即可计算出圆柱中心的距离，方向角和坐标。

    圆柱中心的方向角等于圆柱面点(P_2)和(P_3)方向角的平均值。

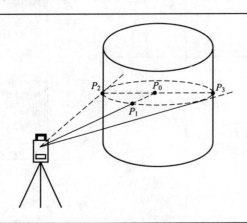

(续)

操作过程	操作	显示
① 按 F3 (测量)键	F3	点号　　　　ー>PT-01 编码　　ー>　　　SOUTH 镜高　　ー>　　　1.200m 输入　查找　测量　同前 角度　＊斜距　坐标　偏心
② 按 F1 (偏心)键	F1	偏心测量　　　　　　1/2 F1：角度偏心 F2：距离偏心 F3：平面偏心　　　P1↓
③ 按 F4 (P₁↓)键	F4	偏心测量　　　　　　2/2 F1：圆柱偏心 　　　　　　　　　　P1↓
④ 按 F1 (圆柱偏心)键	F1	圆柱偏心 中心 HD：　　　　　　　　m 测量 ー ー ー
⑤ 照准圆柱面的中心(P₁)，按 F1 (测量)键开始 N 次测量，测量结束后，显示屏提示进行左边点(P₂)的角度观测	照准 P₁ F1	圆柱偏心 中心 HD＊[n]：　　　　　　m >测量……
⑥ 照准圆柱面左边点(P₂)，按 F4 (设置)键，测量结束后，显示屏提示进行右边点(P₃)的角度观测。 照准圆柱面右边点(P₃)，按 F4 (设置)键	照准 P₂ F4	圆柱偏心 左边 HR：　　　170°30′20″ ー ー ー 设置
	照准 P₃ F4	圆柱偏心 右边 HR：　　　200°30′20″ ー ー ー 设置

(续)

操作过程	操作	显示
⑦ 测量结束后，仪器和圆柱中心 (P_0) 之间的距离被计算	照准 P_3 F4	圆柱偏心 HR: 120°30′20″ HD: 24.251m >OK? [是] [否]
⑧ 若要显示高差 (VD)，可按 ◣ 键，每按一次，则依次显示平距、高差和斜距。若要显示 P_0 点的坐标，可按 ◢ 键	◣	圆柱偏心 HR: 120°30′20″ VD: 24.251m >OK? [是] [否]
⑨ 若要退出圆柱偏心测量，可按 ESC 键，显示屏返回到先前的模式		

(11) 查找记录数据。在运行数据采集模式时，您可以查阅记录数据。

操作过程	操作	显示
① 运行数据采集模式期间可按 F2 (查找) 键 * 1)此时在显示屏的右上方会显示出工作文件名	F2	点号 ->PT-03 编码: 镜高: 1.200m 输入 查找 测量 同前
② 在三种查找模式中选择一种按 F1 到 F3 中的一个键 * 2)	F1 ~ F3	查找 [SOUTH] F1: 第一个数据 F2: 最后一个数据 F3: 按点号查找

5.1.6 注意事项

(1) 在作业前首先应做好准备工作，给全站仪充好电，带上备用电池。

(2) 仪器高与棱镜高的量取要精确到 mm，要两人认真配合，保证钢卷尺铅垂。

(3) 控制点数据准备好，可以提前输入到全站仪里，在数据采集时可直接调用。

(4) 草图中的点号要与全站仪测量的点号完全一致。

(5) 在进行定向时，当输入定向点坐标或者方位角后，一定要通过测量后视点进行定向，确定方位角。

5.1.7 实训成果

观测记录表

仪器型号_____　　　天气_____　　　时间_____
班组_____　　　观测者_____　　　草图者_____
仪器高_____　　　测站点：$x=$_____　$y=$_____　$H=$_____
定向点_____

草图	

训练5.2 全站仪数据采集(电子平板法)

5.2.1 预做作业

电子平板法是_____。

5.2.2 训练目的及要求

掌握电子平板法进行数据采集的作业方法及过程。

5.2.3 仪器工具

每组借领全站仪1台,棱镜1套,对中杆1套,小钢尺1个,笔记本电脑1台,记录板1个。

5.2.4 训练内容及要求

每组在指定区域内采用电子平板法进行地物和地貌采集。地物、地貌采集方法及要求同草图法。

5.2.5 训练步骤

1. 安置仪器

(1)在点上架好仪器,并把便携机与全站仪用相应的电缆连接好,开机后进入CASS7.0界面。

(2)设置全站仪的通讯参数。

(3)在主菜单选取"文件"中的"CASS7.0参数配置"屏幕菜单项后,选择"电子平板"页,如图5.1所示。选定所使用的全站仪类型,并检查全站仪的通讯参数与软件中设置是否一致,按"确定"按钮确认所选择的仪器。

2. 测站设置

1)定显示区

定显示区的作用是根据坐标数据文件的数据大小定义屏幕显示区的大小。首先移动鼠标至"绘图处理"项,单击;然后选择"定显示区"项,如图5.2所示。这时,输入控制点的坐标数据文件名,则命令行显示屏幕的最大最小坐标。

图5.1 "CASS7.0参数设置"对话框
"电子平板"选项卡

2)测站准备工作

(1)移动鼠标至屏幕右侧菜单区之"电子平板"项处,单击,则弹出如图5.3所示的对话框,提示输入测区的控制点坐标数据文件名。选择测区的控制点坐标数据文件名,如 C \ CASS70 \ DEMO \ 020205.DAT。

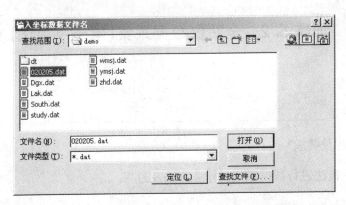

图 5.2 "输入坐标数据文件名"对话框

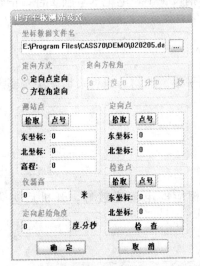

图 5.3 "电子平板测站设置"对话框

(2) 如果事前已经在屏幕上展出了控制点，则直接单击"拾取"按钮再在屏幕上捕捉作为测站、定向点的控制点；若屏幕上没有展出控制点则手工输入测站点点号及坐标、定向点点号及坐标、定向起始值、检查点点号及坐标、仪器高等参数。

检查点是用来检查该测站相互关系，系统根据测站点和检查点的坐标反算出测站点与检查点的方向值（该方向值等于由测站点瞄向检查点的水平角读数）。这样，便可以检查出坐标数据是否输错、测站点是否给错或定向点是否给错。

3. 碎部测量

当测站的准备工作都完成后，如用相应的电缆联好全站仪与计算机，输入测站点点号、定向点点号、定向起始值、检查点点号、仪器高等，便可以进行碎部点的采集、测图工作了。

在测图的过程中，主要是利用系统屏幕的右侧菜单功能，如要测一幢房子、一条电线杆等，需要用鼠标选取相应图层的图标；也可以同时利用系统的编辑功能，如：文字注记、移动、复制、删除等操作；也可以同时利用系统的辅助绘图工具，如：画复合线、画圆、操作回退、查询等操作；如果图面上已经存在某实体，就可以用"图形复制(F)"功能绘制相同的实体，这样就避免了在屏幕菜单中查找的麻烦。

CASS 系统中所有地形符号都是根据最新国家标准地形图图式、规范编的，并按照一定的方法分成各种图层，如控制点层：所有表示控制点的符号都放在此图层（三角点、导线点、GPS 点等）；居民地层：所有表示房屋的符号都放在此图层（包括房屋、楼梯、围墙、栅栏、篱笆等符号）。下面以四点房屋为例介绍地物的测制方法。

移动鼠标在屏幕右侧菜单中选取"居民地"项的"一般房屋"，系统便弹出如图 5.4 所示的对话框。

移动鼠标到表示"四点房屋"的图标处单击，被选中的图标和汉字都呈高亮度显示。然后单击"确定"按钮，弹出全站连接窗口如图 5.5 所示。

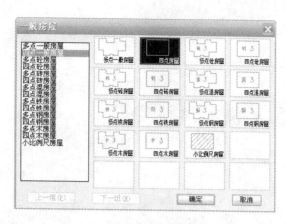

图5.4　选择"居民地"的对话框

当系统接收到数据后，便自动在图形编辑区将表示简单房屋的符号展绘出来，如图5.6所示。

图5.5　测量四点房屋

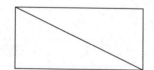

图5.6　展绘出简单房屋的符号

5.2.6　注意事项

（1）在作业前应做好准备工作，给全站仪充好电，带上备用电池。

（2）仪器高与棱镜高的量取要精确到 mm，要两人认真配合，保证钢卷尺铅垂。

（3）控制点数据准备好，可以提前输入到全站仪里，在数据采集时可直接调用。

5.2.7 训练成果

观测记录表

仪器型号_____ 天气_____ 时间_____

班组_____ 观测者_____ 草图者_____

仪器高_____ 测站点：$x=$_____ $y=$_____ $H=$_____

定向点_____

草图

训练 5.3 数 据 传 输

5.3.1 预做作业

1. 填空题

(1) 波特率是_____。

(2) 停止位是_____。

2. 问答题

(1) 进行数据传输应注意什么问题？

(2) 数据信息的校验方式通常有哪三种方式？

5.3.2 训练目的及要求

掌握全站仪与计算机之间进行数据传输的步骤与方法。

5.3.3 仪器工具

每组借领全站仪 1 台，笔记本电脑 1 台，记录板 1 个。

5.3.4 训练内容与要求

要求对前面实习采集的数据，从全站仪传输到计算机中。在进行数据通信时，首先要检查通讯电缆连接是否正确，微机与全站仪的通信参数设置是否一致，见表 5-2。

表 5-2 通信参数的设置

仪器名称	波特率	奇偶性	字长	停止位
南方公司	1200	N	8	1
徕卡	2400	E	8	1
托普康	1200	E	8	1

5.3.5 训练步骤

将计算机与全站仪用电缆连接好，分别进行计算机与全站仪通讯参数设置，需要注意微机与全站仪的通信参数设置一定要一致。

根据全站仪和数字成图软件数据传输使用说明，进行数据传输。如采用南方 CASS 软件，其操作步骤如下：

（1）使用数据线连接全站仪与计算机的 COM 口。

（2）设置好全站仪的通信参数。

例：设置波特率为 4800。

操作过程	操作	显示
① 由主菜单 1/3 按 F3 （存储管理）键	F3	存储管理　　　　　　1/3 F1：文件状态 F2：查找 F3：文件维护　　　　P↓
② 按 F4 （P↓）键	F4	存储管理　　　　　　3/3 F1：数据传输 F2：初始化 　　　　　　　　　　P↓
③ 按 F1 （数据传输）键	F1	数据传输 F1：发送数据 F2：接收数据 F3：通信参数
④ 按 F3 （通讯参数）键	F3	通信参数 F1：波特率 F2：通信协议 F3：字符/校验
⑤ 按 F1 （波特率）键	F1	波特率选择 波特率：　　1200b/s 1200　2400　4800　回车
⑥ 按 F3 （4800），选定所需参数	F3	波特率选择 波特率：4800b/s 1200　2400　4800　回车

（续）

操作过程	操作	显示
⑦ 按 F4（回车）键	F4	通讯参数 F1：波特率 F2：通讯协议 F3：字符/校验

＊1)取消设置可按 ESC 键

（3）在 CASS7.0 的"数据处理"菜单下选择"读全站仪数据"子菜单，弹出如图 5.7 所示的对话框。选中相应型号的全站仪，并设置与全站仪一致的通信参数，勾选"联机"复选框，在对话框最下面的"CASS 坐标文件："的空栏中输入想要保存的路径和文件名，然后单击"转换"按钮，CASS 便弹出一个提示对话框，按提示操作，全站仪即可发送数据，CASS 软件将发送的数据保存在已设定好的数据文件中。

图 5.7　数据通信菜单

（4）发送测量数据文件。

操作过程	操作	显示
① 由主菜单 1/3 按 F3（存储管理）键	F3	存储管理　　　　　　1/3 F1：文件状态 F2：查找 F3：文件维护　　　　P↓
② 按 F4（P↓）键两下	F4	存储管理　　　　　　3/3 F1：数据传输 F2：初始化 　　　　　　　　　　P↓

(续)

操作过程	操作	显示
③ 按 F1 (数据传输)键	F1	数据传输 F1：发送数据 F2：接收数据 F3：通信参数
④ 按 F1 键	F1	发送数据 F1：测量数据 F2：坐标数据 F3：编码数据
⑤ 选择发送数据类型，可按 F1 至 F3 中的一个键 例：F1 (测量数据)	F1	选择文件 FN：_____ 输入　调用　—　回车
⑥ 按 F1 (输入)键，输入待发送的文件名按 F4 (回车)键＊1)2)	F1 输入 FN F4	发送测量数据 ＞OK? —　—　[是] [否]
⑦ 按 F3 (是)键，＊3)发送数据 显示屏返回到菜单	F3	发送测量数据 　＜　发送数据　!，＞ 　　　　　　停止

(5) 全站仪接收数据。坐标数据文件和编码数据可由计算机装入仪器内存。

操作过程	操作	显示
① 由主菜单 1/3 按 F3 (存储管理)键	F3	存储管理　　　　1/3 F1：文件状态 F2：查找 F3：文件维护　　P↓
② 按 F4 (P↓)键	F4	存储管理　　　　3/3 F1：数据传输 F2：初始化 　　　　　　　P↓

（续）

操作过程	操作	显示
③ 按 F1（数据传输）键	F1	数据传输 F1：发送数据 F2：接收数据 F3：通信参数
④ 按 F2 键	F2	接收数据 F1：坐标数据 F2：编码数据
⑤ 选择待接收的数据类型，按 F1 或 F2 例：F1（坐标数据）	F1 输入 FN	坐标文件名 FN：_____ 输入 — — 回车
⑥ 按 F1（输入）键，输入待接收的新文件名 按 F4（INT）键 * 1	F4 F3	接收坐标数据 >OK？ — — ［是］［否］
⑦ 按 F3（是）键 * 2 接收数据 ·显示屏返回到菜单		接收数据 ＜ 正在接收数据！＞ 停止

5.3.6 注意事项

（1）计算机通信口要设置正确。

（2）微机与全站仪的通信参数设置一定要一致。

5.3.7 训练成果

每组提交电子版的坐标数据文件。

训练项目6

GPS RTK数据采集

训练 6.1 GPS RTK 认识实习

6.1.1 预做作业

1. 填空题

(1) GPS 系统主要是由＿＿＿＿＿、＿＿＿＿＿和＿＿＿＿＿ 3 大部分组成。

(2) GPS 测量使用的测距码有＿＿＿＿＿和＿＿＿＿＿。

2. 问答题

(1) 基准站架设时必须满足哪些要求？

(2) RTK 使用的基本流程是什么？

(3) 如何简单判断参数求解值的可靠性？

6.1.2 训练目的及要求

1. 掌握 GPS - RTK 的构成。

2. 掌握 RTK 的基本使用方法。

6.1.3 仪器工具

每组借领 GPS 主机 1 台，手簿 1 个，对中杆 1 根，数据电缆 1 根，计算机 1 台，并安装有手簿驱动安装软件和绘图软件。

6.1.4 数据准备

准备至少两个已知点坐标（图根级精度以上），明确测量的坐标系，中央子午线与投影的高程基准面。

6.1.5 训练内容及要求

每组熟悉 GPS 的构成，熟悉 GPS 设置方法。

6.1.6 训练步骤（以中海达 GPS 为例）

1. 架设基准站

基准站可架设在已知点或未知点上（注：如果需要使用求解好的转换参数，则基准站位置最好和上次位置要一致，打开上次新建好的项目，在设置基准站，只需要修改基准站的天线高，确定基准站发射差分信号，则移动站可直接进行工作，不用重新求解转换参数)将 GPS 基准站架设，连接好，并将主机工作模式通过面板上的按键调成基准站所需的工作模式，等待基准站锁定卫星。

2. 手簿主程序的打开

点击手簿桌面的"Hi—RTK Road. exe"快捷图标，打开手簿程序。

3. 新建项目

通常情况，每做一个工程都需要新建一个项目。

(1) 点击【项目】→【新建】→输入项目名→【√】（图6.1和图6.2）。

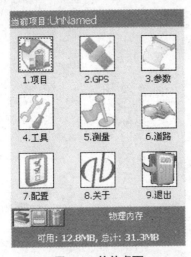

图 6.1　软件桌面

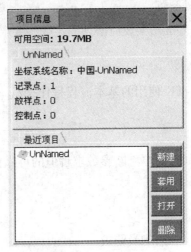

图 6.2　项目信息

(2) 点击左上角下拉菜单【坐标系统】设置坐标系统参数(图6.3和图6.4)。

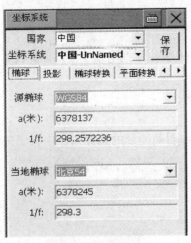

图 6.3　椭球设置

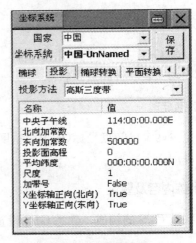

图 6.4　投影设置

"坐标系"：选择国家，输入坐标系统名称，格式为"国家——××××"，源椭球一般为 WGS84，目标椭球和已知点一致，如果目标坐标为自定义坐标系，则可以不更改此项选择，设置为默认值："北京54"。

"投影"：选择投影方法，输入投影参数。

注意：中国用户投影方法，一般选择"高斯自定义"，输入"中央子午线经度"，通常需要更改的只有中央子午线经度，中央子午线经度是指测区已知点的中央子午线；若自定义坐标系，则输入该测区的平均经度，经度误差一般要求小于 30 分。地方经度可用 GPS 实时测出，手簿通过蓝牙先连上 GPS，在【GPS】→【位置信息】中获得。

"椭球转换"、"平面转换"、"高程拟合"均不输。

"保存"：点击右上角的【保存】按钮，保存设置好的参数，否则坐标系统参数设置无效。

4. GPS 和基准站主机连接

【GPS】→"左上角下拉菜单"→连接【GPS】，设置仪器型号、连接方式、端口、波特率，点击【连接】（图 6.5），点击【搜索】出现机号后，选择机号，点击【连接】，如果连接成功会在接收机信息窗口显示连接 GPS 的机号，如图 6.6 所示。

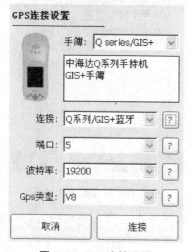

图 6.5　GPS 连接设置

图 6.6　蓝牙搜索

5. 设置基准站

(1) 点击左上角下拉菜单，点击【基准站设置】，如图 6.7 所示。

(2) 点击【平滑】，平滑完成后点击右上角【√】，如图 6.8 所示。

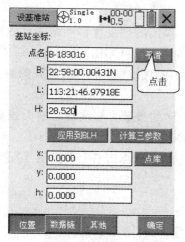

图 6.7　设基准站

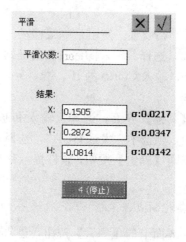

图 6.8　平滑采集基准站坐标

（3）点击【数据链】，选择数据链类型，输入相关参数。

例如：用中海达服务器传输数据作业时，需设置的参数（图6.9），选择内置网络时，其中分组号和小组号可变动，分组号为七位数，小组好为小于255的三位数，用中继电台作业时则数据链选择外部数据链，选择电台频道。

（4）点击【其他】，如图6.10所示。选择差分模式，电文格式，（默认为RTK、RT-CA不需要改动），并点击【天线高】，选择天线类型，输入天线高，应用、确定后回到右上图界面，单击右下角【确定】，软件提示设置成功。

图6.9　基准站数据链　　　　　图6.10　基准站其他设置

（5）查看主机差分灯是否每秒闪一次黄灯，如果用电台时，电台收发灯每秒闪一次，如果正常，则基准站设置成功。

（6）点击左上角菜单，单击【断开GPS】，断开手簿与基准站GPS主机的连接。

6. 手簿和移动站主机连接

（1）连接手簿与移动站GPS主机。打开移动站GPS主机电源，调节好仪器工作模式，同时，等待移动站锁定卫星。按左上角下拉菜单→【连接GPS】，将手簿与移动站GPS主机连接。

（2）移动站设置。使用菜单【移动站设置】，弹出的"设置移动站"对话框。在【数据链】界面，选择、输入的参数和基准站一致。如果连接CORS的用户，则在网络选项，选择CORS，输入CORS的IP、端口号，点击右方的【设置】按钮，输入源列表名称、用户名、密码。

点击【其他】界面，选择、输入和基准站一样的参数，修改移动站天线高，如果是CORS用户，则选中"发送GGA"，选择发送间隔，通常为1s。

按右下角【确定】按钮，软件提示移动站设置成功，点击右上角按钮【X】，回退到软件主界面。

7. 采集控制点源坐标

点击主界面上的【测量】按钮，进入碎部测量界面（图6.11）。

查看屏幕上方的解状态，在GPS达到"Int"RTK固定解后，在需要采集点的控制点上，对中、整平 GPS 天线，点击右下角的 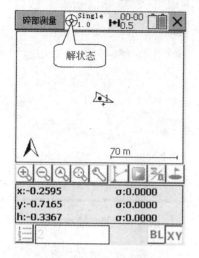或手簿键盘 "F2" 键，保存坐标可以。

弹出 "设置记录点属性" 对话框，（如图 6.12）。输入 "点名" 和 "天线高"，下一点采集时，点名序号会自动累加，而天线高与上一点保持相同，确认，此点坐标将存入记录点坐标库中。在至少两个已知控制点上保存两个已知点的源坐标到记录点库。

图 6.11 碎部测量

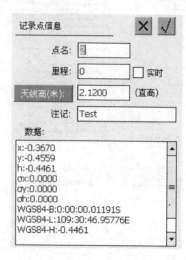

图 6.12 保存控制点

8. 求解转换参数和高程拟合参数：

回到软件主界面，点击【参数】→"左上角下拉菜单"→【坐标系统】→【参数计算】，进入 "求解参数" 视图（如图 6.13）。

单击【添加】按钮，弹出如图 6.14 所示的界面，要求分别输入源点坐标和目标点坐标，点击 ≡ 从坐标点库提取点的坐标，从记录点库中选择控制点的源点坐标，在目标坐标中输入相应点的当地坐标。单击【保存】，重复添加，直至将参与解算的控制点加完，单击右下角【解算】按钮，弹出求解好的 4 个参数如图 6.15 所示，并单击【运用】。

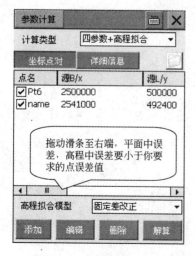

图 6.13 求解转换参数

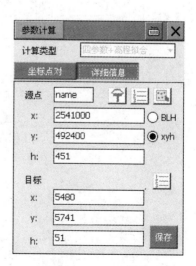

图 6.14 添加控制点

在弹出的参数界面(图6.16)中，查看"平面转换"和"高程拟合"是否应用，确认无误后，点击右上角【保存】，再点击右上角【×】，最后回退到软件主界面。

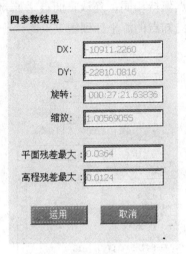
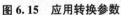

图 6.15　应用转换参数

图 6.16　检查转换参数

6.1.7　注意事项

(1) 在作业前应做好准备工作，将 GPS 主机和手簿的电池充足电。

(2) 使用 GPS 接收机时，应严格遵守操作规程，注意爱护仪器。

(3) 在启动基准站时，应特别注意电台电源线的极性，千万不要将正负极接错。

(4) 用电缆连接手簿和计算机进行数据传输时，应注意关闭手簿电源，并注意正确的连接方法。

6.1.8 实训成果

观测记录表

仪器型号_____ 天气_____ 时间_____

班组_____ 测站点: $x=$_____ $y=$_____ $H=$_____

天线高_____

设置的中央子午线经度:

求解出的 4 个参数值: $\triangle x=$　　　　$\triangle y=$　　　　$\alpha=$　　　　尺度=

训练 6.2　数据采集

6.2.1　预做作业

1. 问答题

(1) 蓝牙连接注意事项？

(2) 如何判断基站设置的正确性？

(3) 数据采集时应注意查看手簿中哪些数值？

(4) 结合本次实习仪器，应准备哪些数据传输软件并安装？

(5) 数据导出与导入如果操作？

6.2.2　训练目的及要求

1. 熟悉 GPS RTK 进行数据采集的作业方法及过程。
2. 掌握地物和地貌特征点的选择方法。
3. 每组在指定区域内进行地物和地貌采集。

6.2.3　仪器工具

每组借领 GPS 主机 1 台，手簿 1 个，对中杆 1 根，数据电缆 1 根，计算机 1 台，并安装有手簿驱动安装软件和绘图软件。

6.2.4　数据准备

准备至少两个已知点坐标(图根级精度以上)，明确测量的坐标系，中央子午线与投影的高程基准面。

6.2.5 训练内容及要求

每组在指定区域内进行地物和地貌采集，并将采集的数据导出到计算机里。地物和地貌特征点的选择方法与采集要求同全站仪数据采集，可参考训练项目5的相关内容。

6.2.6 训练步骤(以中海达GPS为例)

准备好GPS-RTK认识实训中的训练步骤的前提下，进行以下操作：

1. 碎部测量

单击主界面上的【测量】按钮，进入"碎部测量"界面，在需要采集点的碎部点上，对中、整平GPS天线，待固定解时，点击右下角的☰或手簿键盘"F2"键保存坐标，移动仪器到下一点重复测量。可单击屏幕左下角的☰碎部点库按钮，查看所采集的记录点坐标。

所有待测点测量完毕后，退出到测量菜单，并结束当前测量。

2. 数据下载

记录点库保存了所采集的所有碎部点的坐标数据，可对记录点库中的点进行编辑、过滤、删除、导出、新建、打开点库等操作。点击导出按钮，可将数据导出，保存在相应的项目目录下，保存类型较多，如AUTOCAD(*.dxf)，Excel(*.csv)，南方cass7.0(*.dat)，可以选择所需要的类型。将手簿驱动安装到计算机中，用专用数据线连接手簿与计算机，可直接从手簿中相应目录下拷贝出导出的碎部测量数据。

6.2.7 注意事项

(1) 在作业前应做好数据准备工作，将GPS主机和手簿的电池充足电。

(2) 连接基准站时，注意：串口拔插应用手捏住白色金属部分，不得捏着橡胶部分；注意：红点对红点，以保护串口。

(3) 在启动基准站时，应查看仪器的数据灯与发射灯是否为1s闪烁1次，手簿中点应显示为已知点。

(4) 基准站设置完后应断开基站GPS后再联接移动站。多组实习时，若有连接不上现象，应查看是否已有其他手簿连接至该移动站。

(5) 观测过程中可根据需要选择平滑或仅观测次数，但一定要在固定状态下进行数据采集，同时要注意查看仪器中显示的点位误差值的大小，过大时不采集。

6.2.8 实训成果

观测记录表

仪器型号＿＿＿＿＿＿＿＿   天气＿＿＿＿＿＿＿＿＿＿＿＿   时间＿＿＿＿＿＿＿＿＿＿

班组＿＿＿＿＿＿＿＿＿＿   测站点：$x=$＿＿＿＿＿＿＿＿ $y=$＿＿＿＿＿＿＿＿ $H=$＿＿＿＿＿＿＿

天线高＿＿＿＿＿＿＿＿

草图	

训练项目7

数字测图软件

训练 7.1　CASS 测图系统使用

7.1.1　预做作业

(1) 点号定位法和坐标定位法这两种方法如何进行切换?

(2) 简述绘制等高线图的过程。

7.1.2　训练目的及要求

掌握南方 CASS 成图软件的使用方法。通过练习,掌握南方 CASS 软件绘制平面图、等高线图及图幅整饰的作业方法。

7.1.3　仪器工具

每人 1 台计算机,并已经安装 CASS 成图软件。

7.1.4　训练内容与要求

利用 CASS 软件自带的数据文件,分别采用坐标定位成图法、测点点号成图法练习绘制平面图。利用 CASS 软件自带的数据文件,练习简编码自动成图法和引导文件自动成图法。利用 CASS 软件自带的数据文件 dgx.dat,练习绘制等高线。

7.1.5　训练步骤

1. 用 CASS 软件绘制一幅平面图

1) 坐标定位成图法、测点点号成图法练习

实习数据:south.dat,study.dat。

2) 简编码自动成图法、引导文件自动成图法练习

简编码自动成图法实习数据:ymsj.dat。

引导文件自动成图法实习数据:wmsj.dat。

2. 用 CASS 软件绘制等高线

利用实习数据 Dgx.dat 绘制等高线步骤如下。

(1) 建立数字地面模型(构建三角网)。

(2) 修改数字地面模型(修改三角网)。

（3）绘制等高线。

（4）等高线的修饰。

3．用 CASS 软件进行图形的编辑与整饰

（1）练习用 CASS 软件进行图形编辑，如图形的删除、复制、移动、修剪等功能。

（2）练习用 CASS 软件进行地物编辑，如线型换向、植被填充、土质填充等功能。

（3）练习用 CASS 软件进行图形分幅的功能。

CASS 软件绘制地形图方法参见附录 2。

7.1.6 注意事项

（1）等高线绘制应注意三角网及等高线的编辑。

（2）注意等高线的正确断开、切除与注记，注意等高线与陡坎的合理衔接。

7.1.7 训练成果

（1）绘制的平面图（电子版）。

（2）绘制的等高线图（电子版）。

训练 7.2　地形图数字化

7.2.1 预做作业

在对地形图进行数字化之前，应首先进行_____。

7.2.2 训练目的及要求

掌握利用 CASS 软件进行地图数字化的方法。

7.2.3 仪器工具

每个学生 1 台计算机，并已经安装南方 CASS 软件。

7.2.4 训练内容与要求

对提供的栅格图像，进行图形数字化，掌握地图数字化的过程与方法。

7.2.5 训练步骤

（1）通过"工具"菜单下的"光栅图像→插入图像"项，插入一幅扫描好的栅格图，如图 7.1 所示。这时会弹出"图像管理器"对话框，如图 7.2 所示。选择"附着（A）…"按钮，弹出"选择图像文件"对话框，如图 7.3 所示。选择要矢量化的光栅图，单击"打开（O）"按钮，进入图形管理对话框，如图 7.4 所示。在对话框中填写相应内容，单击"确定"即可。

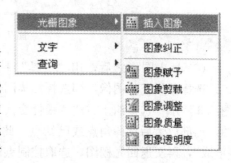

图 7.1　插入一幅栅格图

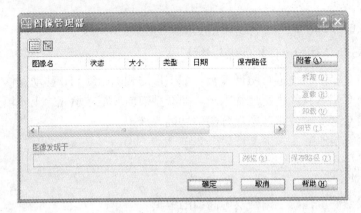

图 7.2 "图形管理器"对话框

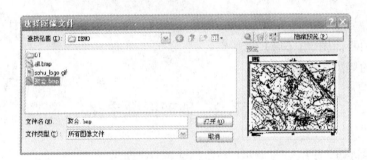

图 7.3 "选择图形文件"对话框

图 7.4 "图像"对话框

（2）插入图形之后，用"工具"下拉菜单的"光栅图像→图形纠正"对图像进行纠正。选择要纠正的图像，即选择扫描图像的最外框，这时会弹出"图形纠正"对话框，如图 7.5 所示。选择纠正方法"线性变换"，单击"图面："一栏中"拾取"按钮，回到光栅图，局部放大后选择角点或已知点，此时自动返回纠正对话框，在"实际："一栏中单击"拾取"，再次返回光栅图，选取控制点图上实际位置，返回图像纠正对话框后，或者直接在"东"、"北"后面的框图中输入实际坐标单击"添加"，添加此坐标。完成一个控制点的输入后，依次拾取输入各点，最后进行纠正。此方法最好输入五个控制点。纠正之前可以点击"误差"按钮查看误差大小,一般误差达 mm 或 cm 级,但如图 7.7 所示误差显示为 0,这不能代表其匹配精度高,而是由于控制点个数不足所致,如图 7.6 所示,只输入了四个控制点,若再增加一个控制点,即总共五个,再点击"误差",将会显示误差的真实大小,如图 7.7 所示。

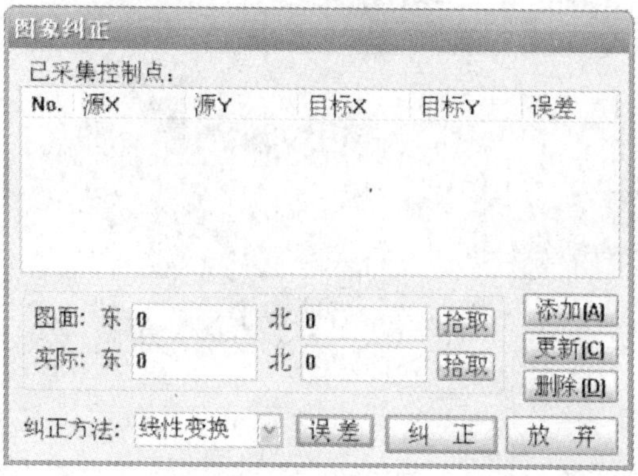

图 7.5 "图形纠正"对话框

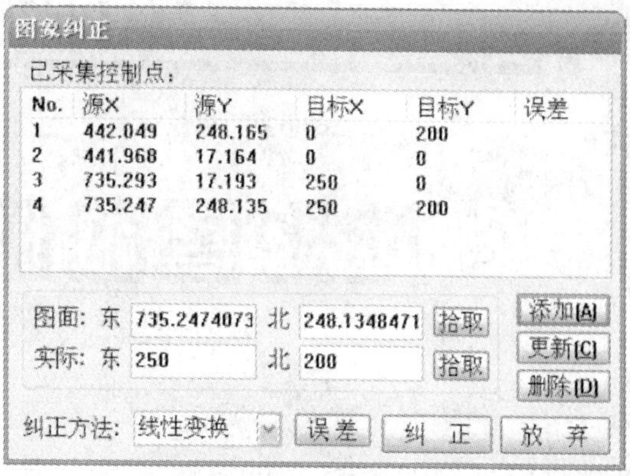

图 7.6 线性变换纠正

线性纠正完毕后,进行仿射纠正,最好输入四个控制点,同样依此局部放大后选择各角点或已知点,添加各点实际坐标值,此时再点击"误差",查询结果应该比前一次有所减小,也就达到了二次纠正的目的。最后进行纠正。

经过两次纠正后,栅格图像应该能达到数字化所需的精度。

注意:纠正过程中将会对栅格图像进行重写,覆盖原图,自动保存为纠正后的图形,所以在纠正之前需备份原图。

(3) 图像纠正完毕后,利用右侧的屏幕菜单,就可以进行图形的矢量化工作。

图 7.7 误差消息框

7.2.6 注意事项

(1) 纠正之前需备份原图。
(2) 数字化之前应进行图形纠正。
(3) 在矢量化过程中注意数据随时存盘。

7.2.7 实训成果

矢量化后生成的图形文件(.dwg 格式)。

训练项目8

地形图的应用

训练 8.1 纸质地形图的应用

8.1.1 预做作业

(1) 汇水面积是_____。

(2) 在场地平整(整理成水平面)的土方量计算中，其设计高程的计算公式：_____。

(3) 坡度的计算公式：_____。

(4) 填挖高的计算：_____。

8.1.2 训练目的

(1) 掌握在地形图上计算点位坐标、方位角、距离等的方法。

(2) 掌握绘制断面图的方法。

(3) 掌握计算土方量的方法。

8.1.3 仪器工具

计算器，铅笔，直尺，卡规。

8.1.4 训练内容与要求

根据给定的图纸和数据，练习在地形图上计算点位坐标、方位角、距离等；练习绘制断面图；练习计算土方量(保持填挖方平衡)。

8.1.5 训练步骤

(1) 在 1∶2000 地形图上完成以下工作

① 求 A、C、D、E 四点的高程(图 8.1)。

② 做沿 AB 方向的断面图。

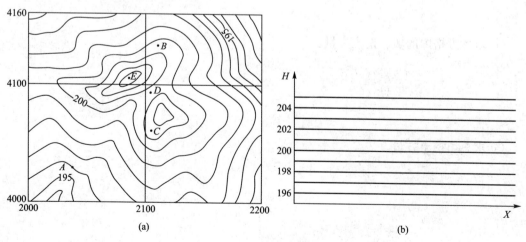

(a) (b)

图 8.1 训练(1)题图

特别提示

绘制断面图时，为了能较清楚地表示出地形的变化，断面图上的高程比例尺往往比水平距离的比例尺大 10～20 倍。

(2) 将如图所示方格网(方格边长为 20m)范围内的场地平整为一水平面，平整时应使填、挖方量平衡(图 8.2)。图中所示为各点的地面高程，单位为 m。

① 求该场地的设计高程。

$H_{设}=$

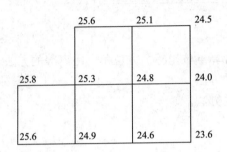

图 8.2　训练(2)题图

② 求各桩点填挖高，并标注在方格点上。

③ 绘填、挖边界线。

④ 求各方格内的填、挖土方量。

⑤ 求总填挖土方量。

8.1.6 注意事项

(1) 在确定点的高程时,可采用目估法。

(2) 绘制断面图时,在最高点、最低点处,应内插高程,使之成为光滑的曲线。

8.1.7 训练成果

上交计算和绘制的成果。

训练 8.2 数字地形图应用

8.2.1 预做作业

(1) 利用 CASS 软件的方格法计算土方量的步骤是怎样的?

(2) 利用 CASS 软件绘制断面图的方法是怎样的?

8.2.2 训练目的

(1) 掌握利用 CASS 软件进行几何要素的查询方法。

(2) 熟悉利用 CASS 软件计算土方量和绘制断面图的步骤和方法。

8.2.3 仪器工具

每人 1 台计算机,并已经安装南方 CASS 软件。

8.2.4 训练内容与要求

利用 CASS 软件自带的数据,练习几何要素的查询,土方量的计算和绘制断面图,以掌握数字地形图的应用。

8.2.5 训练步骤

1. 基本几何要素的查询

查询指定点坐标,查询两点距离及方位,查询线长,查询实体面积。

方法:用鼠标选取"工程应用"菜单中的相应查询功能,用鼠标选取所要查询的点、线、面即可。

2. 土方量的计算

土方量计算的方法有很多种，CASS 软件中提供的方法有：DTM 法土方量计算、用断面法进行土方量计算、方格网法土方量计算、等高线法土方量计算和区域土方量平衡法，这里主要介绍方格网法计算土方量的方法，作业过程见附录 3。

3. 绘制断面图

作业过程见后面附录 4。

8.2.6 注意事项

（1）在计算土方量时，需要用复合线画出所要计算土方量的区域。
（2）复合线一定要闭合，而且不能用捕捉功能进行闭合，可输入命令"C"使之闭合。

8.2.7 实训成果

土方量计算的结果，断面图绘制的成果。

训练项目 9

数字测图综合实训

训练 9.1　综合实训目的与要求

9.1.1　数字测图综合实训的目的

数字测图综合实训是在学习《数字测图技术》课程理论知识及课间实习的基础上安排的综合性测量实践教学活动，它对掌握数字测图的基本理论、基本知识、基本技能；掌握数字测图有关仪器的使用；掌握数字测图的流程与方法是非常必要的。

通过综合实训，可以使学生对本门课程有一个系统的了解和掌握，进一步加深学生对数字测图的基本理论和基本知识的理解，提高学生实际操作能力和解决实际问题的能力，培养学生严肃认真、精益求精、吃苦耐劳、团结协作的职业道德。通过实习，掌握数字测图的基本过程和基本方法，掌握数字测图仪器的使用方法，掌握使用数字成图软件进行数字化成图的方法。

9.1.2　数字测图综合实训的要求

（1）培养学生严肃认真、一丝不苟、精益求精的工作作风及爱护仪器、团结协作的职业道德。

（2）掌握常用测量仪器的使用方法。

（3）掌握小地区大比例尺数字地形图的测绘过程与测绘方法。

（4）掌握数字成图软件编绘数字地图的方法。

（5）培养学生测绘方面的基本功，充分锻炼学生在测、记、算、绘等方面的能力。

9.1.3　实训内容

数字测图实习安排有 4 周时间。在实习前，需要学习水准仪检验及全站仪检验。要求在全面了解大比例尺数字测图技术的基础上，首先进行测区的首级控制测量；然后采用全站仪进行图根导线测量和图根光电测距三角高程导线测量；最后获取图根控制点的三维坐标。在完成控制测量之后，采用全站仪测记法进行野外数字化测图，并利用数字化成图软件完成数字测图内业，最终形成符合规范要求的 1∶500 数字地形图。其技术流程是：技术设计，踏勘、选点、埋石，仪器检校，控制测量，数据采集，数据传输与编绘成图，成果输出，技术总结报告编写，检查验收。

训练 9.2　准 备 工 作

9.2.1　测区准备

1）制订实习计划

在开始数字测图实训前，教师应确定测区，并确认测区是否满足数字测图实习的要求；明确数字测图实训实施过程、实施计划、成果要求等。

2）测区的准备

教师应准备测区的基本控制点数据、工作底图或旧的地形图，以便提供给学生使用。

9.2.2 仪器设备的准备

教师应列出数字测图实训时所需要的测量仪器清单，提供给实验室，便于学生借用仪器。

学生借领仪器后，首先要认真对照清单仔细清点仪器和工具的数量，如果发现问题，应该及时提出并解决；然后对仪器进行检查。

1. 一般性检查

（1）仪器检查。

仪器表面无碰伤，仪器与三脚架连接稳固无松动。仪器转动灵活，制动、微动螺旋工作良好。水准器状态良好。望远镜物镜、目镜调焦螺旋使用正常。检查全站仪操作键盘的按键功能是否正常，反应是否灵敏，功能是否正常。

（2）三脚架检查。三脚架是否伸缩灵活自如；脚架紧固螺旋功能正常。

（3）水准尺检查。水准尺尺身平直；水准尺尺面分划清晰。

（4）反射棱镜检查。反射棱镜镜面完整无裂痕；反射棱镜与安装设备配套。

2. 仪器的检验与校正

（1）水准仪的检验与校正，具体方法参见训练4.4。

（2）全站仪的检验与校正，具体方法参见训练2.2。

9.2.3 技术资料的准备

在测量实习中，所采用的技术标准是以测量规范为依据的。因此测量规范是测量实习中指导各项工作不可缺少的技术资料。测量实习中所用到的规范主要有：

（1）《1∶500 1∶1000 1∶2000 外业数字测图技术规程》（GB/T 14912—2005）。

（2）《1∶500 1∶1000 1∶2000 国家基本比例尺地图图式》（GB/T 20257.1—2007）。

（3）《国家三、四等水准测量规范》（GB/T 12898—2009）。

（4）《城市测量规范》（CJJ/T 8—2011）。

（5）《测绘技术设计规定》（CH/T 1004—2005）。

（6）《测绘技术总结编写规定》（CH/T 1001—2005）。

（7）《数字测绘成果质量检查与验收》（GB/T 18316—2008）。

9.2.4 实习动员

实习动员是数字测图实习的一个重要环节，它对整个实习的实施具有非常重要的作用。因此，在实习前，应对学生进行实习动员，使学生明确实习目的、意义和要求；了解实习的主要工作内容。实习动员应由院、系领导主持，以大会的形式实施。主要动员内容包括以下几个方面。

（1）让学生明确实习的目的，以及重要性和必要性。

（2）提出实习的任务和计划，让学生明确实习的任务和进度安排。

（3）对实习的纪律做出要求，明确请假制度和作息时间，清楚考核方式。

（4）说明仪器、工具的借领方法和损坏赔偿规定，指出实习中的注意事项，特别要注意人身和仪器设备的安全，以保证实习的顺利进行。

（5）宣布实习组织结构，公布分组名单。

训练 9.3 技术设计

在收集资料、踏勘测区的基础上进行技术设计，每个小组要提交一份《数字地形测量技术设计书》。在技术设计时，应根据测图比例尺、测图面积、测图方法，结合测区的自然地理条件（天气、居民地、植被、交通状况、地形条件等）和仪器设备情况，灵活运用测绘学的有关理论和方法，制订在技术上切实可行的技术方案、作业方法和实施计划，并将其编写成技术设计书。技术设计书的编写方法和内容可参考教材相关章节，并依据《测绘技术设计规定》（CH/T 1004—2005）。

9.3.1 技术设计的原则

按照先整体后局部，满足用户要求，重视社会效益的原则，从测区的实际情况出发，考虑人员素质和准备情况，选择最佳作业方案。充分利用已有的测绘成果和资料，尽量采用新技术、新方法和新工艺。

9.3.2 技术设计书的内容

1. 任务概述

说明任务来源、测区范围、地理位置、行政隶属、测区面积、测图比例尺、技术依据、采集内容、任务量、计划实施起止时间等基本情况。

2. 测区自然地理概况和已有资料情况

1）测区自然地理概况

根据需要说明与设计方案或作业有关的测区自然地理概况，重点介绍测区社会、自然、地理、经济和人文等方面的基本情况，主要包括：海拔高程、相对高差、地形类别和困难类别；居民地、道路、水系、植被等要素的分布与主要特征；气候、风雨季节、交通情况及生活条件等。

2）已有资料情况

说明已有资料的全部情况，包括控制测量成果的施测单位与年代，采用的平面、高程基准，资料的数量、形式，施测等级、精度；现有地图的比例尺、等高距、施测单位和年代，采用的图式规范，平面和高程系统等，并对其主要质量进行分析评价，提出已有资源利用的可能性和利用方案。

3. 成果规格和主要技术指标

说明作业或成果的比例尺、平面和高程基准、投影方式、成图方法、成图基本等高距、数据精度、格式、基本内容及其他主要技术指标等。

4. 引用文件或作业依据

引用文件主要需说明专业技术设计书编写中所引用的标准、规范或其他技术文件。文件一经引用，便构成专业技术设计书设计内容的一部分。

作业依据主要需列出如下内容：

（1）任务文件及合同书。

（2）国家及部门颁布的有关技术规范、规程及图式。

（3）经上级部门批准的有关部门制定的适合本地区的一些技术规定。

5. 图根控制测量设计方案

说明控制测量的方法（导线、GPS等），各类控制点的布设方案，使用的仪器，以及有关技术（各种限差）要求，应附控制网的布设略图。

6. 地形图测绘方案

说明成图规格（比例尺和分幅方法），确定测图方法和使用的仪器，以及技术要求（限差规定、视距长度、综合取舍等），在隐蔽地区、困难地区或特殊情况下拟采取的测图方法。

7. 成果质量保证及安全生产技术措施

说明保证成果质量及安全生产的相关措施。

8. 上交资料清单

列出上交资料清单。

训练 9.4 控 制 测 量

9.4.1 概述

依据测绘原则和数字测图方法，控制测量需从基础控制测量加密至图根控制测量。基础控制网的布设遵循从整体到局部、从高级到低级的布网原则。基础控制网一般在国家控制点的基础上建立。控制网的设计、控制点的选埋、测量方法及要求、测量数据处理及成果计算均按照《城市测量规范》（CJJ/T 8—2011）和《全球定位系统城市测量技术规程》（CJJ/T 73—2010）等相关技术规范和规定执行。

根据测区的大小、工程要求，可布设不同等级的基础平面控制网。根据《城市测量规范》，基础平面控制网可布设为二、三、四等和一、二、三级导线等形式，可采用 GPS 或全站仪等进行施测。城市电磁波测距导线测量的主要技术要求见表 9-1。

表 9-1 城市电磁波测距导线测量的主要技术要求

等级	闭合环或附合导线长度（km）	平均边长（m）	测距中误差（mm）	测角中误差（″）	导线全长相对闭合差
三等	≤15	3000	≤18	≤1.5	≤1/60000
四等	≤10	1600	≤18	≤2.5	≤1/40000
一级	≤3.6	300	≤15	≤5	≤1/14000
二级	≤2.4	200	≤15	≤8	≤1/10000
三级	≤1.5	120	≤15	≤12	≤1/6000

基础高程控制网可布设成三、四等水准网，一般布设成环形网，加密时可布设成附合路线或结点网。测区高程应采用国家统一高程系统。在地形起伏较大、水准测量施测困难

的地区可采用三角高程测量测定控制点的高程。

直接供地形测图使用的控制点，称为图根控制点，简称图根点。测定图根点位置的工作，称为图根控制测量。图根控制测量一般在基础控制测量的基础上进行。对于较小测区，图根控制可作为首级控制。图根平面控制可根据测区高级控制点的布设情况，布设一、二级图根导线网、附合导线、GPS 网。此外，交会定点法、GPS RTK 等方法也是加密图根点的方法。图根高程控制可用图根水准、图根光电测距三角高程测量方法测定。

在实习中，基础控制网的布设等级、采用方法，由指导教师根据测区情况统一安排。建议可由各小组分工协作，共同完成测区的基础控制网的布设，平面控制网可采用三级导线形式，高程控制网采用三等或四等水准测量方法。

首先在基础控制网的基础上，各小组分区域完成各自的图根控制网的布设与施测；然后进行各自区域的地形图测绘；最后将各小组成果拼接成整个测区的数字地形图。

9.4.2 图根平面控制测量

在实习时，图根平面控制测量采用导线测量方法进行。各小组在指定测区进行踏勘，了解测区地形条件和地物分布情况，布设导线点。导线形式可采用闭合或附合导线，选点时应注意以下几点：

（1）导线点应选在土质坚实的地方，便于保存点位，安置仪器。

（2）导线点应选在视野开阔处，便于控制和施测周围的地物和地貌。

（3）相邻导线点之间应互相通视，边长应满足相应等级导线的相关规定，同时相邻边长比应大于 1∶3。

（4）导线点要均匀分布且数量要足够，以便于控制整个测区。

（5）必须满足规范对图形条件的要求。

导线点的位置选定后，要及时建立标志。可以打一木桩并在桩顶钉一铁钉或画"十"字作为点的标记，也可以用油漆直接在硬化地面上画"⊕"进行标定。导线点统一编号，并画出导线略图。

当测区内没有高级平面控制点时，应与测区外已知点连测，或采用独立坐标系统（假定一点坐标及一条边的坐标方位角作为起算数据）。

导线点选好以后，就开始进行导线的角度测量和距离测量。技术要求可参照《城市测量规范》(CJJ/T 8—2011)，图根光电测距导线测量主要技术指标，见表 9-2。

表 9-2　图根光电测距导线测量主要技术指标

比例尺	附合导线长度(m)	平均边长(m)	导线相对闭合差	测回数 DJ$_6$	方位角闭合差(″)	测距	
						仪器类型	方法与测回数
1∶500	900	80	≤1/4000	1	±40$\sqrt{n}$	Ⅱ级	单程观测 1

注：① n 为测回数。
　　② 导线边长的测量 1 测回读 2 次读数，读数较差≤10mm。

当需要布设成支导线时，支导线不多于四条边，长度不超过 450m，最大边长不超过 160m。布设支导线时，水平角观测首站应联测两个已知方向，5″全站仪观测 1 测回。其他站水平角应分别观测左、右角各 1 个测回，其圆周角闭合差不应超过±40″。支导线的边长应往返各测一次，每次读 2 次读数，读数较差≤10mm。

外业观测结束后，应对手簿进行全面检查，发现问题应及时返工。然后，采用近似平差法计算各点坐标。计算时，角度值取至秒，边长、坐标取至厘米。

9.4.3 图根高程控制测量

图根点高程采用图根光电测距三角高程方法进行施测。其技术要求见表9-3。

表9-3 图根三角高程测量的主要技术要求

仪器类型	中丝法测回数	垂直角较差、指标差较差($''$)	对向观测高差、单向两次高差较差(m)	附合线段或环线闭合差(mm)
DJ_6	对向1 单向2	≤25	≤0.4×S	±40$\sqrt{[D]}$

注：① S 为高程导线边边长(km)。
② D 为路线总长度，以 km 为单位。
③ 仪器高和棱镜高应准确至毫米。

当测区内没有已知水准点时，可与测区外已知水准点进行连测，连测时用四等水准测量方法往返测，其往返高差不符值不超过±20$\sqrt{L}$mm(L 为路线长度，以 km 计)，也可假定一点高程作为起算数据，即采用独立高程系统。

外业观测结束后，应对手簿进行全面检查，合格后，进行平差计算求得各点高程。计算时，高程取至毫米位。

训练9.5 碎部测量

控制测量取得合格成果后，就可以进行碎部点的采集。实习中采用全站仪数字测图方式，即利用全站仪采集碎部点的坐标，将测量结果自动存储在全站仪或计算机里，利用计算机，采用数字化成图软件绘制地形图。全站仪数字测图有两种作业模式，测记式和电子平板式，可以根据情况，选择其中一种作业模式。

9.5.1 准备工作

实施数字测图前，应准备好仪器、器材，控制成果和技术资料。仪器、器材主要包括：全站仪、通信设备、电子手簿或便携机、备用电池、通信电缆、棱镜、皮尺或钢尺等。全站仪应提前充电。在数据采集之前，最好提前将测区的全部已知成果输入全站仪、电子手簿或便携机，以方便调用。

另外，还要准备好工作底图，便于绘制草图。绘制草图一般在专门准备的工作底图上进行。工作底图最好用旧地形图、平面图的晒蓝图或复印件，也可用航片放大的影像图。草图要绘有主要地物、地貌等重要因素，便于观测时在草图上标明所测碎部点的位置及点号。草图如图9.1所示。

9.5.2 特征点的选择与测绘

地形图应表示测量控制点、居民地和垣栅、工矿建筑物及其他设施、交通及附属设施、管线及附属设施、水系及附属设施、境界、地貌和土质、植被等各项地物、地貌要

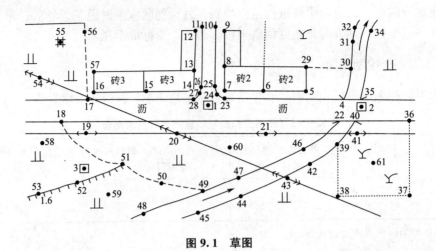

图 9.1　草图

素，以及地理名称注记等。地物、地貌各项要素的表示方法和取舍原则，应符合现行国家标准地形图图式［《1：500　1：1000　1：2000 国家基本比例尺地图图式》(GB/T 20257.1—2007)］。《工程测量规范》(GB 50026—2007)规定了全站仪数字测图的最大视距长度，见表 9-4。

表 9-4　地物点、地形点测距的最大长度(m)

测图比例尺	测距最大长度(m)	
	地物点	地形点
1：500	160	300
1：1000	300	500
1：2000	450	700

下面列出了部分地物、地貌各项要素的表示方法和取舍规则。

1. 地物的测绘

1）测绘地物的一般原则

地物一般可分为两大类：一类是自然地物，如河流、湖泊、森林、草地等；另一类是经过人类物质生产活动改造了的人工地物，如房屋、输电线、铁路、公路、水渠、桥梁等。所有这些地物都要在地形图上表示出来。

地物在地形图上表示的原则是：凡是能依比例尺表示的地物，应将它们水平投影位置的几何形状相似地描绘在地形图上，如房屋、双线河流、运动场等，或是将它们的边界位置表示在图上，边界内再绘上相应的地物符号，如森林、草地、沙漠等。对于不能依比例尺表示的地物，在地形图上应以相应的地物符号表示在地物的中心位置上，如水塔、烟囱、纪念碑、单线道路、单线河流等。

地物测绘主要是将地物的形状特征点测定下来。例如，地物的转折点、交叉点、曲线上的弯曲变换点、独立地物的中心点等，连接这些特征点，便可以得到与实地相似的地物形状。

当两个地物中心重合或接近，难以同时准确表示时，可将较重要的地物准确表示，次要地物移位 0.3mm 或缩小 1/3 表示。

2）测量控制点的测绘

（1）测量控制点是测绘地形图和工程测量施工放样的主要依据，在图上应精确表示。

（2）各等级平面控制点、导线点、图根点、水准点，应以展点或测点位置作为符号的几何中心位置，按图式规定符号表示。

3）居民地和垣栅的测绘

（1）居民地的各类建筑物、构筑物及主要附属设施应准确测绘实地外围轮廓和如实反映建筑结构特征。其内部的主要街道及较大的空地应区分出来。

（2）房屋的轮廓应以墙基外角为准，并注明结构和层数，建筑物楼层数的计算应以主楼为准。

（3）居民地有各种各样的名称，如村名，小区名等，应调查核实后，予以注记。

（4）房屋附属设施，廊、建筑物下的通道、台阶、室外扶梯、院门、门墩和支柱（架）、墩应按实际测绘，并以图式符号表示。

（5）建筑物和围墙轮廓凹凸在图上小于0.4mm、简单房屋小于0.6mm时，可舍去。

（6）围墙、栅栏、栏杆等可根据其永久性、规整性、重要性等综合考虑取舍。

4）交通及附属设施测绘

（1）公路在图上一律按实际位置测绘。公路的转弯处、交叉处，立尺点应密一些，路边按曲线进行绘制。公路两旁的附属建筑物都应按实际位置测出，公路的路堤和路堑也应测出。

（2）城市道路为立体交叉或高架道路时，应测绘桥位、匝道与绿地等；多层交叉重叠，下层被上层遮住的部分不绘，桥墩或立柱视用图需要表示，垂直的挡土墙可绘实线而不绘挡土墙符号。市区街道应将车行道、过街天桥、过街地道的出入口，分隔带、环岛、街心花园、人行道与绿化带绘出。

（3）高速公路、等级公路、等外公路等应按其宽度测绘，并注记公路技术等级代码，国道应注出路线编号。

（4）大车路应按其实宽依比例尺测绘，如实地宽窄变化频繁，可取其中等宽度绘成平行线。

乡村路应按其实宽依比例尺测绘。乡村路中通过宅村仍继续通往别处的，其在宅村中间的路段应尽量测出，以求贯通，不使其中断，如路边紧靠房屋或其他地物的，则可利用地物边线，可不另绘路边线。

人行小路主要是指居民地之间来往的通道，田间劳动的小路一般不测绘，上山小路应视其重要程度选择测绘。小路应实测中心位置，单线绘示。

内部道路，除新村中简陋、不足2m宽和通向房屋建筑的支路可免测外，其余均应测绘。

（5）道路通过居民地不宜中断，应按真实位置绘出。

（6）铁路与公路或其他道路平面相交时，铁路符号不中断，而将另一道路符号中断。

5）管线测绘

（1）永久性的电力线、电信线均应准确表示，电杆、铁塔位置应实测。当多种线路在同一杆架上时，只表示主要的。

（2）城市建筑区内电力线，电信线可不连线，但应在杆架处绘出线路方向。各种线路应做到线类分明，走向连贯。

（3）污水箅子、消防栓、阀门、水龙头、电信箱、电话亭、路灯、检修井均应实测中心位置，以符号表示，必要时标注用途。

6）水系测绘

（1）水系包括河流、渠道、湖泊、池塘等地物，通常无特殊要求时均以岸边为界，如果要求测出水涯线（水面与地面的交线）、洪水位（历史上最高水位的位置）及平水位（常年一般水位的位置）时，应按要求在调查研究的基础上进行测绘。

（2）江、河、湖、海、水库、池塘、泉、井等水利设施，均应准确测绘表示，有名称的加注名称。

（3）水渠应测注渠顶边和渠底高程；时令河应测注河床高程；堤、坝应测注顶部及坡脚高程；池塘应测注塘顶边及塘底高程；泉、井应测注泉的出水口与井台高程，并根据需要注记井台至水面的深度。

（4）测绘水系时，沿水系界线在起点、转折点、交叉点、终点立尺测定。当河流的宽度小于图上 0.5mm，沟渠实际宽度小于 1m 时，以单线表示并注明流向。

7）境界测绘

（1）县（区、旗）和县以上境界应根据勘界协议、有关文件准确清楚地绘出，界桩、界标应测坐标展绘。

（2）乡、镇和乡级以上国营农、林、牧场及自然保护区界线按需要测绘。

（3）两级以上境界重合时，只绘高一级境界符号。

8）植被的测绘

（1）对耕地、园地应实测范围，配置相应的符号表示。同一地段生长有多种植物时，可按经济价值和数量适当取舍，符号配制不得超过三种。

（2）旱地包括种植小麦、杂粮、棉花、烟草、大豆、花生和油菜等的田地，经济作物、油料作物应加注品种名称。

2. 地貌的测绘

1）地形点选择

地形特征点包括山顶、鞍部、洼坑底部等及其他地面坡度变化处。另外，还需要测定山脊线、山谷线、山脚线（山坡和平地的交界线）等地性线上的坡度变化处。实际上不管地形多么复杂，都可以把地面看成是由向着各个不同方向倾斜和具有不同坡度的面所组成的多面体。地性线可以看做是多面体的棱线，测定这些棱线的空间位置，地形的轮廓也就确定下来了。因此，这些棱线上的转折点（方向变化和坡度变化处）就是地形特征点。

大比例尺测图时，地形点间距的规定见表 9-5。

表 9-5 地形点间距

比例尺	地形点间距（m）
1∶500	15
1∶1000	30
1∶2000	50

对于不同的比例尺和不同的地形，基本等高距的规定见表 9-6。

表 9－6　不同地形的基本等高距

比例尺	丘陵基本等高距(m)	山地基本等高距(m)
1∶500	0.5	0.5
1∶1000	0.5	1
1∶2000	1.0	2

2) 对于不能用等高线表示的地形

例如悬崖、峭壁、土坎、土堆、冲沟等，应按地形图图式所规定的符号表示。

3) 等高线遇到房屋及其他建筑物

例如双线道路、路堤、路堑、坑穴、陡坎、斜坡、湖泊、双线河及注记等均应中断。

3. 注记

(1) 地形图上高程注记点应分布均匀，丘陵地区高程注记点间距为图上 2～3cm。

(2) 山顶、鞍部、山脊、山脚、谷底、谷口、沟底、沟口、田地、台地、河川湖池岸旁、水涯线上及其他地面倾斜变换处，均应测高程注记点。

(3) 城市建筑区高程注记点应测设在街道中心线、街道交叉中心、建筑物墙基脚和相应的地面、管道检查井井口、桥面、广场、较大的庭院内或空地上及其他地面倾斜变换处。

9.5.3　全站仪测记法

1. 数据采集

测记法数据采集通常分为有码作业和无码作业。有码作业需要现场输入野外操作码。无码作业现场不输入数据编码，而是用草图记录绘图信息。绘草图人员在镜站把所测点的属性及连接关系在草图上反映出来，以供内业绘图处理和图形编辑之用。

使用全站仪作测记法数据采集，每作业组一般需仪器观测员(兼记录员)1 名，绘草图领镜(尺)员 1 名，立镜(尺)员 1～2 名，其中绘草图的领镜员是作业组的指挥者。

采用数字测记法进行野外数据采集，绘草图领镜(尺)员首先要对测站周围的地形、地物分布情况进行踏勘，认清方向、掌握重点要点，按近似比例绘制较详细的草图。

仪器观测员指挥立镜员到事先选好的某控制点上准备立镜定向；自己快速架好仪器，选择数据采集模式，输入测站点点号、定向点号、定向点起始方向值和仪器高；瞄准定向棱镜，定好方向后，应再瞄准另一已知控制点进行检查。检查无误后，通知立镜者开始跑点。

立镜员在碎部点立棱镜后，观测员及时瞄准棱镜，用对讲机联系、确定镜高(为保证测量速度，棱镜高不宜经常变化)及所立点的性质，输入镜高(镜高不变直接按回车键)、地物代码(无码作业时直接按回车键)，确认准确照准棱镜后，按回车键。待仪器发出响声，即说明测点数据已进入仪器内存，测点的信息已被记录下来。

碎部点施测应在图根点或更高等级的已知控制点上，首先照准另一个已知控制点作为后视方向点。在测站设置完成并照准后视方向后，还需要另外再选择一个已知控制点测量其坐标与高程，将测量数据与已知点坐标进行检核，符合限差要求后方可进行碎部点数据采集测绘。否则应从以下几个方面查找出错原因：①测站点、定向点的点号是否输错；

②现场坐标是否输错；③用以检测的已知点的点号、坐标是否有误。若不是这些原因造成错误，再查看所输的已知点成果是否抄错，成果计算是否有误，还有仪器、设备是否有故障等。总之，不排除错误，绝不能继续往下进行。

测点时对同一地物要尽量连续观测（图 9.1 中 5～9 点、12～16 点），以方便草图注记和内业绘图，又要兼顾测点附近其他碎部点的测量，争取把一块块的小区域测量清楚。绘草图人员对每一测站的测量内容要心中有数，不要单纯为测量一个地物跑得太远。

在野外数据采集时，要分析地物图形的几何特征，以保证地物要素测绘的准确与高效。呈规则几何体形状的地物可选择测量具有控制作用的主要轮廓点坐标，不需实测全部轮廓点。对需要测量的点位则要尽可能用全站仪极坐标法或偏心法测出。实在观测不到的点可用皮尺测量，将量测的数据记录在草图上，室内用交互编辑方法成图。采集线状地物时，要适当增加碎部点密度，以保证曲线准确拟合。

在进行地貌采点时，可以用一站多镜的方法进行。一般在地性线上要有足够密度的点，特征点也要尽量测到。例如在山沟底测一排点，也应在山坡边再测一排点；测量陡坎时最好在坎上和坎下都测点，这样生成的等高线才没有问题。在其他地形变化不大的地方，可以适当放宽采点密度。

一个测站上的测量工作完成后，绘草图人员对所绘的草图要仔细检核，主要看图形与属性记录有无疏漏和差错。立镜员要找一个已知点重测进行检核，以检查施测过程中是否存在误操作、仪器碰动或出故障等原因造成的错误。检查完，确定无误后，关闭仪器电源，搬站。到下一测站，重新按上述采集方法、步骤进行施测。

根据当前的测绘仪器和电子设备，技术上而言，使用全站仪和相应的记录设备进行数据采集没有太大的技术难度，但草图绘制的正确性和领镜跑尺的方法得当与否将会直接关系到数字测图的效率与质量。因此，绘草图领镜员是作业组的指挥者，需要格外细心。草图可手绘，但地物之间的相关位置和点号标注等内容不能出差错。

2. 数据传输

完成外业数据采集后，应使用通讯电缆将全站仪与计算机的 COM 口连接好，启动通讯软件，设置好与全站仪一致的通讯参数后，将全站仪数据传输到计算机里。

现以南方测绘公司的数字测图 CASS 软件为例，具体说明数据通信方法在全站仪联机测量中的应用。

（1）将全站仪通过适当的通信电缆与微机连接好。

（2）移动鼠标至"数据通信"项的"读取全站仪数据"项，该处以高亮度（深蓝）显示，按左键，出现如图 9.2 的对话框。

（3）选择所用仪器型号，设置好通信参数（以南方 NTS600 系列全站仪为例），点击 CASS 坐标文件右边的"选择文件"按钮，跳出一个对话框，选取要保存的路径和数据文件名，"确定"

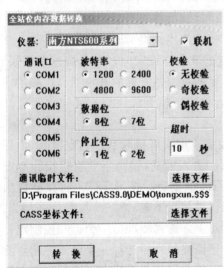

图 9.2 "全站仪内存数据转换"对话框

154

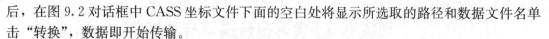

后，在图 9.2 对话框中 CASS 坐标文件下面的空白处将显示所选取的路径和数据文件名单击"转换"，数据即开始传输。

如果想将以前传过来的数据(比如用超级终端传过来的数据文件)进行数据转换，可先选好仪器类型，再将仪器型号后面的"联机"选项取消。这时你会发现，通信参数全部变灰。接下来，在"通信临时文件"选项下面的空白区域填上已有的临时数据文件，再在"CASS 坐标文件"选项下面的空白区域填上转换后的 CASS 坐标数据文件的路径和文件名，单击"转换"即可。

注意：若出现"数据文件格式不对"提示时，有可能是以下的情形：①数据通信的通路问题，电缆型号不对或计算机通信端口不通；②全站仪和软件两边通信参数设置不一致；③全站仪中传输的数据文件中没有包含坐标数据，这种情况可以通过查看 tongxun. ＄＄＄来判断。

9.5.4　全站仪电子平板法

电子平板测图的基本原理与测记法数字测图最大区别在于将内业所用的计算机在外业就和仪器(全站仪)相连接。它的特点是内外业一体化，避免以往的测图模式中内外业分离、脱节，使得绘图难度较大。明显减少了数字测图过程的差错漏，有效提高了作业效率。

电子平板法测图时，作业人员一般配置为：观测员 1 名，电子平板(便携机)操作人员 1 名，跑尺员 1～2 名。其中电子平板操作人员为测图小组的指挥。

电子平板测图模式的工作程序比较简单，其核心工作是将全站仪和便携式计算机或较大屏幕 PDA 进行连接，并能通过数字测图软件实时的显示地物点或者地貌点的坐标与位置。工作程序如下。

(1) 数字测图软件(电子平板系统)界面下建立外业测量的坐标控制环境。即在数字测图软件界面下模拟出现实的空间模型，并且与全站仪野外数据采集的坐标系统一致。该步骤可以通过将野外控制点坐标手动或者以数据传输的方式输入到电子平板上，为后续数字测图工作做好准备。

(2) 用全站仪数据线把全站仪和便携式电脑连接好，并设置好通信的参数、正确选择仪器种类，以便顺利进行外业采集数据的实时传输和改正参数的正确设置。

(3) 设置测站和完成定向工作。这两个步骤和测记法全站仪数字测图的工作程序一样，且要求也一样。

(4) 进行电子平板数字测图。通过在软件界面下的选项设置，可以实现内外业一体化。即在外业采集某点数据时，且所有设置正确的情况下即可以在一到两秒内在屏幕上出现未知点的位置，并给出相应地形要素点的属性编码和连接代码等相关信息。

(5) 测量人员可以根据现场的情况，对照实地情况准确绘制地形图。

(6) 对于复杂地形图，应回到室内进一步对图形进行编辑修改，增加完善必要的图廓要素等内容，并经过接边与调整等，完成数字地图的测绘。

9.5.5　内业成图

当完成数据采集，并将数据传输到计算机以后，就可以利用数字化成图软件绘制地形图。绘制地形图的方法可参考软件的使用手册。在本书的附录 3 附有南方 CASS 软件绘制地形图的作业方法。

训练 9.6　实习报告撰写与考核

9.6.1　实习报告

实习结束后，每人应撰写一份实习报告，要求内容全面、概念正确、语言通顺、文字简练、书写工整、图表清晰美观，并按统一格式编号并装订成册，与实习资料成果一起上交。要求用 A4 纸打印。实习报告主要包含以下内容。

1. 实习的目的、任务及时间安排

实习（或作业）名称、目的、时间、地点；实习（或作业）任务，范围及组织情况等。

2. 测区概况

测区的地理位置、交通条件、居民、气候、地形、地貌等概况，测区已有测绘成果及资料分析与利用情况、标石保存情况等。

3. 仪器校验资料

仪器校验的方法、记录、计算资料及对仪器质量的评价（全站仪、水准仪的检验）。

4. 图根控制测量

1）平面控制测量
（1）平面控制网的布设方案及控制网略图（在图中标出各角的角度、各边的距离）。
（2）选点、埋石方法及情况。
（3）施测技术依据及施测方法。
（4）观测成果质量分析。
（5）计算成果表。

2）高程控制测量
（1）高程控制网的布设方案及控制网略图（在图中标出各相邻点的高差、距离）。
（2）选线、埋石方法及情况。
（3）施测技术依据及施测方法。
（4）观测成果质量分析。
（5）计算成果表。

5. 地形测图

（1）碎部测量方法。
（2）地物和地貌综合取舍情况，测图过程中出现的问题及解决方法。
（3）内业成图软件使用的方法等。

6. 实习收获、体会及建议

说明本次实习的收获，实习中发生、发现的问题及处理情况。

7. 实习成果

控制点成果表、数字地形图等。

9.6.2 实习考核

在实习结束后，应根据学生在实习中的思想表现、出勤情况、对数字测图知识的掌握程度、实际作业技能的熟练程度、分析问题和解决问题的能力、完成任务的质量、所交成果资料情况、仪器工具爱护的情况、实习报告的编写水平等方面的表现，综合评定学生实习成绩。实习成绩按五分制，即优、良、中、及格、不及格。

1. 实习成绩评定的依据

（1）实习期间的表现，主要包括：出勤率、实习态度、是否遵守学校及本次实习所规定的各项纪律、爱护仪器工具的情况。

（2）操作技能，主要包括：对理论知识的掌握程度，使用仪器的熟练程度，作业程序是否符合规范要求。

（3）手簿、计算成果和成图质量，主要包括：手簿和各种计算表格是否完好无损，书写是否工整清晰，手簿有无擦拭、涂改，数据计算是否正确，各项较差、闭合差是否在规定范围内。地形图上各类地形要素的精度及表示是否符合要求，文字说明注记是否规范等。

（4）实习报告，主要包括：实习报告的编写格式和内容是否符合要求，编写水平，分析问题、解决问题的能力及有无独特见解。

（5）考核，根据所带班级实习的整体情况，进行口试、笔试或仪器操作考核。考核内容由指导教师自行确定。

指导教师应按照以上五项所规定的内容，评定每个学生的实习成绩。

2. 学生如有以下情况时，指导教师还可以视情况严重程度给予处理

（1）实习中不论何种原因，发生摔损仪器事故，其主要责任人的实习成绩降1~2档次，同组成员连带一定责任者应适当降低成绩。

（2）实习中凡违反实习纪律，缺勤天数超过实习天数的1/3；实习中发生打架事件；私自离开实习场地回家；未交成果资料和实习报告等，成绩均记为不及格。

附录 1　测量实习注意事项

1.1　测量实习须知

（1）数字测图技术是一门实践性很强的课程。测量实习课不仅可以加深对课堂教学内容的理解，而且只有通过实际操作才能真正领会和掌握仪器的构造、性能和使用方法，因此实习课是学习数字测图的重要环节，是让学生获得感性认识、培养动手能力和解决实际问题能力最有效的方法，对保障数字测图学习效果具有非常重要的作用。因此，必须以严肃、认真的态度完成指定的实习内容。

（2）测量实习前，应预习所做实习项目。认真阅读有关教材和实习指导书，初步了解实习目的、要求、操作方法、步骤、记录、计算及注意事项等，及时完成实习前的预做作业，以便更好地完成实习项目。

（3）实习课应遵守学校纪律和测量仪器操作规程，听从实习指导教师和仪器室管理人员的安排和指导。

（4）实习分小组进行，设组长一名，组长负责小组实习的组织和仪器的借还，并负责组织和协调实习工作。领取仪器时，由组长负责按借物单核对所借物品的品种、数量是否相符。核对无误后，在借物单上签字，再将全部物品领出仪器室。

（5）实习期间，每一项工作应由小组成员轮流担任，使每人都有练习的机会，实习中，小组成员、小组之间应团结协作，以保证实习任务的顺利完成。

（6）如果初次接触仪器，未经讲解，不得擅自开箱取用仪器，以免发生损坏。经实习指导教师讲授，明确仪器的构造、操作方法和注意事项后方可开箱进行操作。

（7）在作业中间，须严格按照操作规程进行，要爱护仪器，注意仪器安全。每次出工和收工都要按仪器清单清点仪器和工具数量，检查仪器和工具是否完好无损，发现问题要及时向指导教师报告。如有仪器损坏，根据情节轻重，给予适当赔偿和处理。

（8）严格遵守实习纪律，实习期间不得无故缺席或迟到早退，不得擅自改变或离开实习地点，不得嬉戏打闹和玩手机，不看与实习无关的书籍。

（9）实习期间，应按要求认真填写实习记录；实习结束时，应提交记录成果，经实习指导教师审阅同意后，方可交还仪器工具，结束实习工作。

1.2　测量仪器使用规则

（1）必须正确使用，精心爱护、科学保养测量仪器。

（2）开箱取出仪器时，要认清位置，以便用毕后将各部件稳妥地放回原位。取出仪器前应先松开制动螺旋，取出时要一手持握支架，另一只手扶住基座部分，轻拿轻放，勿提望远镜。取出仪器后，应将仪器箱盖随手关好，以防灰尘等杂物进入箱中。仪器箱上不得坐人。

（3）三脚架安置稳妥后，方可安置仪器。安装仪器于脚架上时，应一手握住仪器，一手立即将连接螺旋旋紧。

（4）架设三脚架时，脚架腿分开的跨度要适中，并得太拢容易被碰倒，分得太开容易滑开。在光滑地面上，架腿要用绳子拉住，防止架腿滑动。

（5）在野外，仪器必须有人守护，做到"人不离仪器"，特别在交通要道、施工场地或坚硬光滑之处，更应注意。不可将仪器依靠于墙或树，勿使仪器着雨受潮，不可在烈日下曝晒。

（6）旋转仪器各部分螺旋要松紧适度，制动螺旋勿扭之过紧，微动螺旋勿扭至极端。

（7）仪器镜头上的灰尘、污痕，只能用软毛刷和镜头纸轻轻擦去，严禁用手或其他物品擦拭镜头。

（8）在太阳下使用仪器时，必须撑伞，雨天必须停止观测。

（9）对于电子仪器，电池充电应用专用充电器。每次取下电池盒时，都必须先关掉仪器电源，否则仪器易损坏。在进行测量的过程中，千万不能不关机拔下电池，否则测量数据将会丢失！

（10）当发现仪器出现故障时，应立即停止使用，并查明原因，送有关部门进行维修，绝对禁止擅自拆卸，更不能勉强使用，加剧损坏程度。

（11）在长距离搬站时，应将仪器装入箱内搬迁；在短距离搬站时，可将脚架收拢，然后一手抱脚架，一手扶仪器，保持仪器向上倾斜，近直立状态搬迁，绝对禁止横扛仪器于肩上。

（12）作业结束后，要擦去仪器污泥。装箱时，先松开制动螺旋，放妥后再旋紧，以免晃动。如发现箱盖不能关闭时应打开查看原因，不可强力按下。

（13）训练结束前须清点仪器，发现损坏和遗失要及时报告，并按照学校的规章制度进行赔偿。

1.3 测量数据记录规则

（1）观测数据应直接填入指定的记录表格或实习报告册中，不得在其他纸张记录后再转抄，更不准伪造数据。

（2）记录时应用 2H 或 3H 铅笔书写，字体应端正清晰，不得潦草，字体大小只能占记录的一半，以便留出空隙更改错误。

（3）观测数据应随测随记，观测者读数后，记录者应立即向观测者"回报"数据，经确认无误后再记录，以防听错或记错。

（4）记录簿上禁止擦拭、涂改与挖补，如记录发生错误，不得用橡皮擦拭，应用横线或斜线将错误数据划去，并在其上方写上正确数据。已改过的数字又发现错误时，不准再改，应将该部分成果作废重测。

（5）除计算数据外，所有观测数据的修改和作废，必须在备注栏内注明原因及重测结果记于何处。

（6）观测成果不能连环涂改。例如：水准测量中的红、黑面读数，角度测量中的盘左、盘右读数，距离测量中的往测与返测的结果等，均不能同时更改，否则，必须重测。

（7）原始观测之尾部读数不准更改，如角度读数的分、秒读数不准涂改，水准测量中的厘米、毫米读数不准涂改。

（8）观测数据应表现其精度及真实性，如水准尺读至毫米，则应记 2.330，不能记成 2.33m。

（9）简单的计算及必要的检核，应在测量进行时随即算出，以判断测量成果是否合格。经检查确认无误后方可搬动仪器，以免影响测量进度。

（10）数据计算时，应根据所取的位数，按"4 舍 6 入，5 前奇进偶不进"的规则进行凑整。

（11）记录表格上规定的内容及项目必须填写，不得空白。

（12）观测结束后，将表格上各项内容计算填写齐全，自检合格后将实习结果交给指导教师审阅，符合要求并经允许后方可收拾仪器工具归还仪器室，结束实习。

1.4 测量常用的计量单位

在测量中，常见有长度、角度和面积三种计量单位，见附表 1-1～附表 1-3。

附表 1-1 长度单位

公制	英制
1km=1000m 1m=10dm =100cm =1000mm	1 英里(mile，简写 mi) 1 英尺(foot，简写 ft) 1 英寸(inch，简写 in) 1km=0.6214mi=3280.8ft 1m=3.2808ft=39.37in

附表 1-2 角度单位

60 进制	弧度制
1 圆周=360° 1°=60′ 1′=60″	1 圆周=2π 弧度 1 弧度=180°/π=57.3° =ρ° =3438′=ρ′ =206265″=ρ″

附表 1-3 面积单位

公制	市制	英制
1km²=1×10⁶m² 1m²=100dm² =1×10⁴cm² =1×10⁶mm²	1km²=1500 亩 1m²=0.0015 亩 1 亩=666.6666667m² =0.06666667 公顷	1km²=247.11 英亩 =100 公顷 10000m²=1 公顷 1m²=10.764ft² =1550.0031in²

附录 2　闭合导线计算程序(VB 语言)

1. 程序代码

```
Dim i As Integer
Dim jd(1 To 500) As Double
Dim fwj(1 To 500) As Double
Dim detx(1 To 500) As Double
Dim dety(1 To 500) As Double
Dim vx(1 To 500) As Double
Dim vy(1 To 500) As Double
Dim sgmdetx   As Double
Dim sgmdety   As Double
Dim vjd(1 To 500) As Double
Dim dis(1 To 500) As Double
Dim sgmjd As Double
Dim jdbhc As Double
Dim sgmd As Double
Const pi=3.1415926
Dim n As Integer
Dim x(1 To 500) As Double
Dim y(1 To 500) As Double
Dim yz(1 To 500) As Double

Private Sub Command1_Click()
    n=Text2.Text
    CommonDialog1.Filter="文本文件 (*.txt)|*.txt|所有文件 (*.*)|*.*"
    CommonDialog1.FilterIndex=1
    CommonDialog1.InitDir=App.Path &IIf(Right(App.Path,1)="\","","\")&"数据"
    CommonDialog1.Action=1

    Open CommonDialog1.FileName For Input As #1

    Do While Not EOF(1)

    For i=1 To 3
      Input #1,yz(i) '已知
    Next

    For i=1 To n
        Input #1,jd(i)
    Next i
```

```
    For i=1 To n
        Input #1,dis(i)
    Next i


    Loop
    Close #1

    Text1.Text=Text1.Text &"角度" &Space(5)&"距离(m)" &vbCrLf
    For i=1 To n
        Text1.Text=Text1.Text &dfm(jd(i))&Space(5)&dis(i)&vbCrLf
    Next

    x(1)=yz(1):    y(1)=yz(2):fwj(1)=yz(3)
End Sub

Private Sub Command2_Click()
    sgmdetx=0
    sgmdety=0
    sgmd=0
    For i=1 To n
        jd(i)=Ang_Rad(jd(i))
        sgmd=sgmd+dis(i)
        sgmjd=sgmjd+jd(i)
    Next
        jdbhc=sgmjd-(n-2)*180*pi/180
        Text3.Text=dfm(Rad_Ang(jdbhc))

    For i=1 To n
        vjd(i)=jd(i)-jdbhc/n
        Text4.Text=Text4.Text &dfm(Rad_Ang(vjd(i)))&vbCrLf
    Next
    fwj(1))=Ang_Rad(fwj(1))
    For i=2 To n
        fwj(i)=fwj(i-1)+vjd(i-1)
        If fwj(i)>2*pi Then
            fwj(i)=fwj(i)-2*pi
        End If
        If fwj(i)>pi Then
            fwj(i)=fwj(i)-pi
            ElseIf fwj(i)< pi Then
            fwj(i)=fwj(i)+pi
        End If
    Next
```

```
For i=1 To n
        Text5.Text=Text5.Text &Rad_Ang(fwj(i))&vbCrLf
Next

For i=1 To n
        detx(i)=dis(i)*Cos(fwj(i))
        dety(i)=dis(i)*Sin(fwj(i))
        sgmdetx=sgmdetx+detx(i)
        sgmdety=sgmdety+dety(i)
Next


    Text8.Text="fx:" &ppp(sgmdetx,3,3)&"m" &Space(2)&"fy:" &ppp(sgmdety,3,3)
&"m" &vbCrLf &"K:" &"1/" &ppp(((sgmdetx ^ 2+sgmdety ^ 2)^ 0.5/sgmd)^-1,6,0)
    For i=1 To n
        vx(i)=-dis(i)/ sgmd* sgmdetx '坐标增量改正数
        vy(i)=-dis(i)/ sgmd* sgmdety
        detx(i)=detx(i)+vx(i)
        dety(i)=dety(i)+vy(i)
        Text6.Text=Text6.Text &ppp(detx(i),3,3)&Space(2)&ppp(dety(i),3,
3)&vbCrLf
    Next

    For i=2 To n+1
        x(i)=x(i-1)+detx(i-1)
        y(i)=y(i-1)+dety(i-1)
    Next
    Text7.Text=Text7.Text &"X" &Space(6)&"Y" &vbCrLf
    For i=1 To n+1
        Text7.Text=Text7.Text &ppp(x(i),6,3)&ppp(y(i),6,3)&vbCrLf
    Next

End Sub

Private Sub Form_Load( )
    Text2.Text=5
End Sub
```

2. 使用方法

首先输入"角度个数",然后单击"数据提取",出现如图 2.1 所示的界面。

然后选择数据文件,如图 2.2 中"123.txt",导入数据。文件中,第一行 500,500 是已知点 x、y 坐标,335.24 是起始边坐标方位角;第二行是各条边的方位角;第三行是各条边的边长。

最后"导线计算"完成,如附图 2.3 所示。

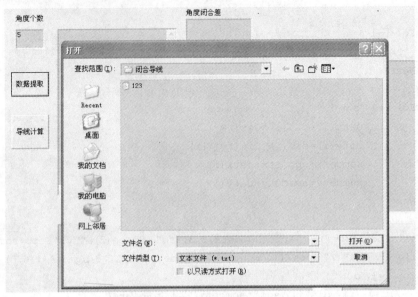

附图 2.1 "角度个数"对话框

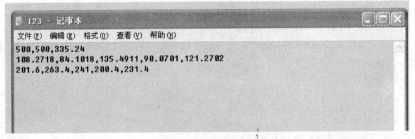

附图 2.2 导入数据

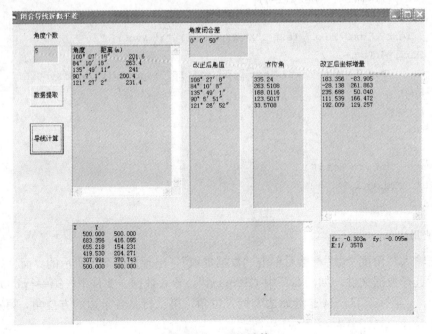

附图 2.3 导线计算

附录 3 南方 CASS 软件绘制地形图

现通过实例来展示南方 CASS 软件绘制地形图过程。CASS 7.0 成图模式有"点号定位"、"坐标定位"、"编码引导"几种方法。下面分别来介绍。

3.1 点号定位法

采用的例图路径为 C：\ CASS. 0 \ demo \ study. dwg(以安装在 C 盘为例)，绘制好的地形图如附图 3.1 所示。

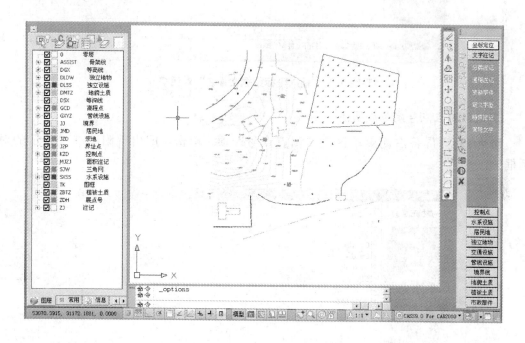

附图 3.1 例图 study. dwg

1. 定显示区

定显示区就是通过坐标数据文件中的最大、最小坐标定出屏幕窗口的显示范围。

进入 CASS 7.0 主界面，鼠标单击"绘图处理"项，即出现如附图 3.2 下拉菜单。然后移至"定显示区"项，使之以高亮显示，按左键，即出现一个对话窗如附图 3.3 所示。这时，需要输入坐标数据文件名。选择数据文件"study. dat"后，这时命令区显示：

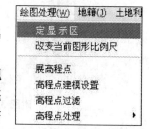

附图 3.2 "定显示区"菜单

最小坐标(m)：X＝31056. 221，Y＝53097. 691

最大坐标(m)：X＝31237. 455，Y＝53286. 090

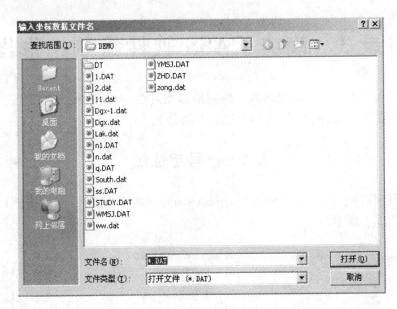

附图 3.3 "输入坐标数据文件名"对话框

2. 选择测点点号定位成图法

移动鼠标至屏幕右侧菜单区之"测点点号"项，单击，即出现附图 3.4 所示的对话框。

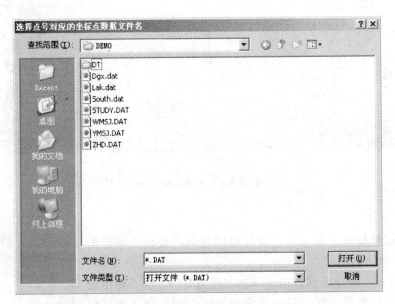

附图 3.4 "选择点号对应的坐标点数据文件名"对话框

输入点号坐标数据文件名 C：\ CASS7.0 \ DEMO \ STUDY. DAT 后，命令区提示：读点完成，共读入 106 个点。

3. 展点

先移动鼠标至屏幕的顶部菜单"绘图处理"项单击，这时系统弹出一个下拉菜单；然后移动鼠标选择"绘图处理"下的"展野外测点点号"选项，如附图 3.5 所示；最后单击后，便出现如附图 3.3 所示的对话框。

输入对应的坐标数据文件名 C：\ CASS 7.0 \ DEMO \ STUDY.DAT 后，便可在屏幕上展出野外测点的点号，如附图 3.6 所示。

附图 3.5　选择"展野外测点点号"选项

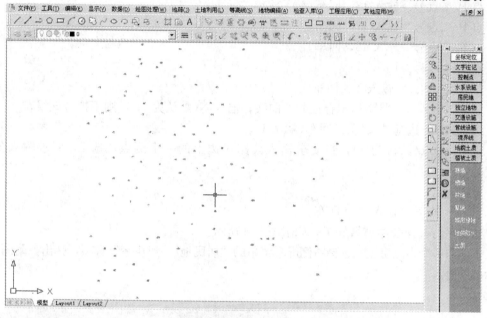

附图 3.6　STUDY.DAT 展点图

4. 绘平面图

下面可以灵活使用工具栏中的缩放工具进行局部放大以方便编图。我们先把左上角放大，选择右侧屏幕菜单的"交通设施/城际公路"按钮，弹出如附图 3.7 的界面。

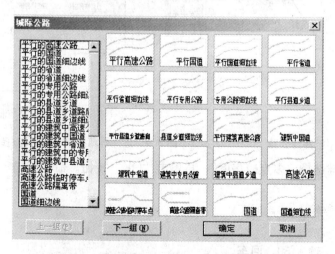

附图 3.7　选择屏幕菜单"交通设施/城际公路"

找到"平行的高速公路"并选中，再单击"OK"，命令区提示：

绘图比例尺 1：输入 500，回车。

点 P/<点号>输入 92，回车。

点 P/<点号>输入 45，回车。

点 P/<点号>输入 46，回车。

点 P/<点号>输入 13，回车。

点 P/<点号>输入 47，回车。

点 P/<点号>输入 48，回车。

点 P/<点号>回车。

拟合线<N>? 输入 Y，回车。

说明：输入 Y，将该边拟合成光滑曲线；输入 N（默认为 N），则不拟合该线。

边点式/2.边宽式<1>：回车（默认 1）。

说明：选 1（默认为 1），将要求输入公路对边上的一个测点；选 2，要求输入公路宽度。

对面一点：

点 P/<点号>输入 19，回车。

这时平行高速公路就做好了，如附图 3.8 所示。

下面作一个多点房屋。选择右侧屏幕菜单的"居民地/一般房屋"选项，弹出如附图 3.9 所示的界面。

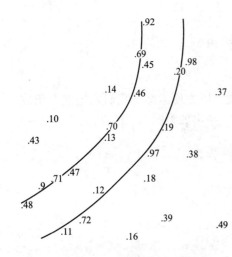

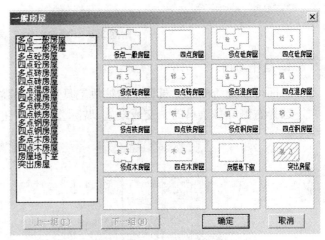

附图 3.8　平行高速公路　　　　图 3.9　选择屏幕菜单"居民地/多点一般房屋"

先用鼠标左键选择"多点砼房屋"，再单击"OK"按钮。命令区提示：

第一点：

点 P/<点号>输入 49，回车。

指定点：

点 P/<点号>输入 50，回车。

闭合 C/隔一闭合 G/隔一点 J/微导线 A/曲线 Q/边长交会 B/回退 U/点 P/<点号>输入 51，回车。

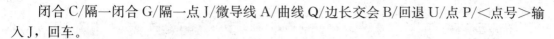

闭合 C/隔一闭合 G/隔一点 J/微导线 A/曲线 Q/边长交会 B/回退 U/点 P/<点号>输入 J，回车。

点 P/<点号>输入 52，回车。

闭合 C/隔一闭合 G/隔一点 J/微导线 A/曲线 Q/边长交会 B/回退 U/点 P/<点号>输入 53，回车。

闭合 C/隔一闭合 G/隔一点 J/微导线 A/曲线 Q/边长交会 B/回退 U/点 P/<点号>输入 C，回车。

输入层数：<1>回车(默认输 1 层)。

说明：选择多点砼房屋后自动读取地物编码，用户不须逐个记忆。从第三点起弹出许多选项，这里以"隔一点"功能为例，输入 J，输入一点后系统自动算出一点，使该点与前一点及输入点的连线构成直角。输入 C 时，表示闭合。

再做一个多点混凝土房屋，熟悉一下操作过程。命令区提示：

Command：dd。

输入地物编码：<141111>141111。

第一点：点 P/<点号>输入 60，回车。

指定点：

点 P/<点号>输入 61，回车。

闭合 C/隔一闭合 G/隔一点 J/微导线 A/曲线 Q/边长交会 B/回退 U/点 P/<点号>输入 62，回车。

闭合 C/隔一闭合 G/隔一点 J/微导线 A/曲线 Q/边长交会 B/回退 U/点 P/<点号>输入 a，回车。

微导线 － 键盘输入角度(K)/<指定方向点(只确定平行和垂直方向)>用鼠标左键在 62 点上侧一定距离处点一下。

距离<m>：输入 4.5，回车。

闭合 C/隔一闭合 G/隔一点 J/微导线 A/曲线 Q/边长交会 B/回退 U/点 P/<点号>输入 63，回车。

闭合 C/隔一闭合 G/隔一点 J/微导线 A/曲线 Q/边长交会 B/回退 U/点 P/<点号>输入 j，回车。

点 P/<点号>输入 64，回车。

闭合 C/隔一闭合 G/隔一点 J/微导线 A/曲线 Q/边长交会 B/回退 U/点 P/<点号>输入 65，回车。

闭合 C/隔一闭合 G/隔一点 J/微导线 A/曲线 Q/边长交会 B/回退 U/点 P/<点号>输入 C，回车。

输入层数：<1>输入 2，回车。

说明："微导线"功能由用户输入当前点至下一点的左角(度)和距离(米)，输入后软件将计算出该点并连线。要求输入角度时若输入 K，则可直接输入左向转角，若直接用鼠标单击，只可确定垂直和平行方向。此功能特别适合知道角度和距离但看不到点的位置的情况，如房角点被树或路灯等障碍物遮挡时。

两栋房子和平行等外公路绘制好后，效果如附图 3.10 所示。

类似以上操作，分别利用右侧屏幕菜单绘制其他地物。

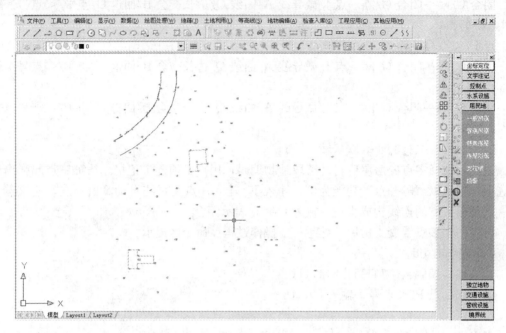

附图 3.10　绘制的两栋房子和平行等外公路

在"居民地"菜单中，用 3、39、16 三点完成利用三点绘制 2 层砖结构的四点房；用 68、67、66 绘制不拟合的依比例围墙；用 76、77、78 绘制四点棚房。

在"交通设施"菜单中，用 86、87、88、89、90、91 绘制拟合的小路；用 103、104、105、106 绘制拟合的不依比例乡村路。

在"地貌土质"菜单中，用 54、55、56、57 绘制拟合的坎高为 1 米的陡坎；用 93、94、95、96 绘制不拟合的坎高为 1 米的加固陡坎。

在"独立地物"菜单中，用 69、70、71、72、97、98 分别绘制路灯；用 73、74 绘制宣传橱窗；用 59 绘制不依比例肥气池。

在"水系设施"菜单中，用 79 绘制水井。

在"管线设施"菜单中，用 75、83、84、85 绘制地面上输电线。

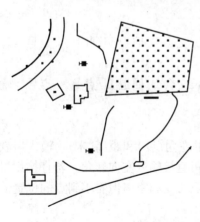

在"植被园林"菜单中，用 99、100、101、102 分别绘制果树独立树；用 58、80、81、82 绘制菜地（第 82 号点之后仍要求输入点号时直接回车），要求边界不拟合，并且保留边界。

在"控制点"菜单中，用 1、2、4 分别生成埋石图根点，在提问"点名. 等级："时分别输入 D121、D123、D135。

最后选取"编辑"菜单下的"删除"二级菜单下的"删除实体所在图层"，鼠标符号变成了一个小方框，用左键点取任何一个点号的数字注记，所展点的注记将被删除。

平面图作好后效果如附图 3.11 所示。

附图 3.11　STUDY 的平面图

3.2　坐标定位法

1. 定显示区

此步操作与"点号定位"法作业流程的"定显示区"的操作相同。

2. 选择坐标定位成图法

移动鼠标至屏幕右侧菜单区之"坐标定位"项，单击，即进入"坐标定位"项的菜单。如果刚才在"测点点号"状态下，可通过选择"CASS7.0成图软件"按钮返回主菜单之后再进入"坐标定位"菜单。

3. 绘平面图

与"点号定位"法成图流程类似，需先在屏幕上展点，根据外业草图，选择相应的地图图式符号在屏幕上将平面图绘出来，区别在于不能通过测点点号来进行定位了。仍以作居民地为例讲解。移动鼠标至右侧菜单"居民地"处单击，系统便弹出如附图3.9所示的对话框。再移动鼠标到"四点房屋"的图标处单击，图标变亮表示该图标已被选中，然后移鼠标至 OK 处按左键。这时命令区提示如下。

1. 已知三点/2. 已知两点及宽度/3. 已知四点<1>：输入 1，回车（或直接回车默认选 1）。

输入点：移动鼠标至右侧屏幕菜单的"捕捉方式"项，单击，弹出如附图 3.12 所示的对话框；再移动鼠标到"NOD"（节点）的图标处单击，图标变亮表示该图标已被选中；然后移鼠标至 OK 处单击；最后这时鼠标靠近 33 号点，出现黄色标记，单击，并完成捕捉工作。

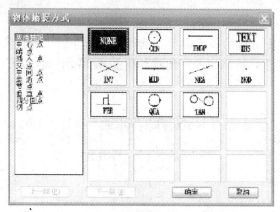

附图 3.12　"物体捕捉方式"对话框

输入点：同上操作捕捉 34 号点。

输入点：同上操作捕捉 35 号点。

这样，即将 33，34，35 号点连成一间普通房屋。

注意：在输入点时，嵌套使用了捕捉功能，选择不同的捕捉方式会出现不同形式的黄颜色光标，适用于不同的情况。命令区要求"输入点"时，也可以用鼠标左键在屏幕上直接点击，为了精确定位也可输入实地坐标。下面以"路灯"为例进行演示。移动鼠标至右侧屏幕菜单"独立地物/公共设施"处按左键，这时系统便弹出"独立地物/公共设施"对话框如附图 3.13 所示。移动鼠标到"路灯"的图标处单击，图标变亮表示该图标已被选中，然后移鼠标至"确定"处单击。这时命令区提示如下。

图 3.13 "独立地物/公共设施"对话框

输入点：输入 143.35，159.28，回车。

这时就在(143.35，159.28)，处绘好了一个路灯。

注意：随着鼠标在屏幕上移动，左下角提示的坐标实时变化。

3.3 "编码引导"法作业流程

此方式也称为"编码引导文件＋无码坐标数据文件自动绘图方式"。

1. 编辑引导文件

(1) 移动鼠标至绘图屏幕的顶部菜单，选择"编辑"的"编辑文本文件"项，该处以高亮度(深蓝)显示，单击，屏幕命令区出现如附图 3.14 所示：以 C:\CASS70\DEMO\WMSJ.YD 为例。

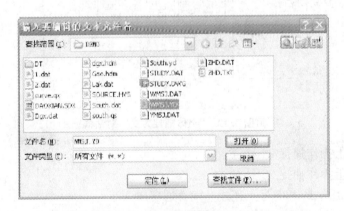

附图 3.14 "输入要编辑的文本文件名"对话框

屏幕上将弹出记事本，这时根据野外作业草图，按照以下格式编辑好此文件。

(2) 移动鼠标至记事本"文件(F)"项，单击便出现文件类操作的下拉菜单，然后单击"退出(×)"项，关闭记事本。

① 每一行表示一个地物。

② 每一行的第一项为地物的"地物代码"，以后各数据为构成该地物的各测点的点号（依连接顺序的排列）。

③ 同行的数据之间用逗号分隔。

④ 表示地物代码的字母要大写。

⑤ 用户可根据自己的需要定制野外操作简码，通过更改 C：\ CASS70 \ SYSTEM \ JCODE. DEF 文件即可实现。

2. 定显示区

此步操作与"点号定位"法作业流程的"定显示区"的操作相同。

3. 编码引导

编码引导的作用是将"引导文件"与"无码的坐标数据文件"合并生成一个新的带简编码格式的坐标数据文件。这个新的带简编码格式的坐标数据文件在下一步"简码识别"操作时将要用到。

(1) 移动鼠标至绘图屏幕的最上方，选择"绘图处理"项，单击。

(2) 移动鼠标将光标移至"编码引导"项，该处以高亮度（深蓝）显示，出现如附图 3.15 所示对话框。输入编码引导文件名 C：\ CASS70 \ DEMO \ WMSJ. YD，或通过 Windows 窗口操作找到此文件，然后单击"确定"按钮。

附图 3.15 "输入编码引导文件名"对话框

(3) 接着，屏幕出现附图 3.16 所示对话框。要求输入坐标数据文件名，此时输入 C：\ CASS70 \ DEMO \ WMSJ. DAT。

图 3.16 "输入坐标数据文件名"对话框

这时，屏幕按照这两个文件自动生成图形如附图 3.17 所示。

图 3.17 系统自动绘出图形

3.4 "简码法"工作方式

此种工作方式也称作"带简编码格式的坐标数据文件自动绘图方式"，与"草图法"在野外测量时不同的是，每测一个地物点时都要在电子手簿或全站仪上输入地物点的简编码，简编码一般由一位字母和一位或两位数字组成。用户可根据自己的需要通过 JCODE.DEF 文件定制野外操作简码。

1. 定显示区

此步操作与"草图法"中"测点点号"定位绘图方式作业流程的"定显示区"操作相同。

2. 简码识别

简码识别的作用是将带简编码格式的坐标数据文件转换成计算机能识别的程序内部码（又称绘图码）。移动鼠标至"绘图处理"项，单击，即可出现下拉菜单。移动鼠标至"简码识别"项，该处以高亮度（深蓝）显示，单击，出现如附图 3.18 所示对话框。输入带简编码格式的坐标数据文件名（此处以 C：\ CASS70 \ DEMO \ YMSJ.DAT 为例）。当提示区显示"简码识别完毕！"同时在屏幕绘出平面图形。

上面按照清晰的步骤介绍了"草图法"、"简码法"的工作方法。其中"草图法"包括点号定位法、坐标定位法、编码引导法；编码引导法的外业工作也需要绘制草图，但内业通过编辑编码引导文件，将编码引导文件与无码坐标数据文件合并生成带简码的坐标数据文件，其后的操作等效于"简码法"，"简码识别"时就可自动绘图，如附图 3.19 所示。

附图3.18　"输入简编码坐标数据文件名"对话框

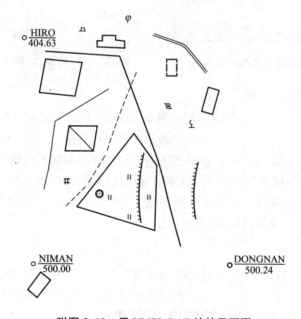

附图3.19　用 YMSJ. DAT 绘的平面图

3.5　绘等高线

在绘等高线之前，必须先将野外测的高程点建立数字地面模型(DTM)，然后在数字地面模型上生成等高线。本节以 CASS 自带的坐标数据文件"C：\ CASS70 \ DEMO \ DGX. DAT"为例，介绍等高线的绘制过程。

1. 建立数字地面模型(构建三角网)

移动鼠标至屏幕顶部菜单"等高线"项，选择"建立 DTM"，出现如附图 3.20 所示的对话框。

首先选择建立 DTM 的方式，分为两种方式：由数据文件生成和由图面高程点生成。如果选择由数据文件生成，则在坐标数据文件名中选择坐标数据文件；如果选择由图面高程点生成，则在绘图区选择参加建立 DTM 的高程点。然后选择结果显示，分为 3 种：显示建三角网结果、显示建三角网过程和不显示三角网。最后选择在建立 DTM 的过程中是否考虑陡坎和地形线。单击"确定"按钮后生成如附图 3.21 所示的三角网。

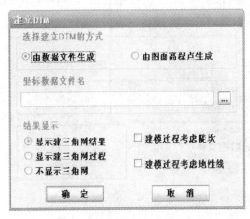
附图 3.20　选择建模高程数据文件

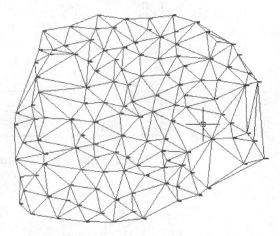
附图 3.21　用 DGX. DAT 数据建立的三角网

2. 修改数字地面模型(修改三角网)

一般情况下，由于地形条件的限制在外业采集的碎部点很难一次性生成理想的等高线，如楼顶上控制点。另外还因现实地貌的多样性和复杂性，自动构成的数字地面模型与实际地貌不太一致，这时可以通过修改三角网来修改这些局部不合理的地方。

CASS 软件提供的修改三角网的功能有：删除三角形、增加三角形、过滤三角形、三角形内插点、删三角形顶点、重组三角形、删三角网、修改结果存盘等，根据具体情况可对三角网进行修改，并将修改结果存盘。

3. 绘制等高线

用鼠标选择"等高线"下拉菜单的"绘制等高线"项，弹出如附图 3.22 所示对话框。根据需要完成对话框的设置后，单击"确定"按钮，CASS 开始自动绘制等高线，如附图 3.23 所示。最后在"等高线"下拉菜单中选择"删三角网"。

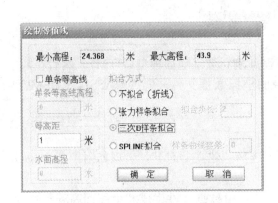
附图 3.22　"绘制等值线"对话框

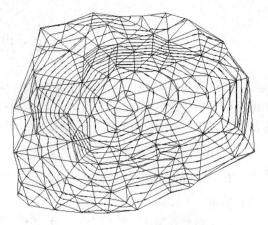
附图 3.23　CASS 软件绘制的等高线

4. 等高线的修饰

CASS 软件提供了以下等高线的修饰功能：注记等高线、等高线修剪、切除指定二线间等高线、切除指定区域内等高线、等值线滤波等，要利用这些功能，可以给等高线加注记、切除穿注记和建筑物的等高线。

1）注记等高线

用"窗口缩放"项得到局部放大图如附图 3.24 所示，再选择"等高线"下拉菜单之"等高线注记"的"单个高程注记"项。

命令区提示：选择需注记的等高（深）线：移动鼠标至要注记高程的等高线位置，如附图 3.24 之位置 A，单击；依法线方向指定相邻一条等高（深）线：移动鼠标至如附图 3.24 所示中之等高线位置 B，单击。等高线的高程值即自动注记在 A 处，且字头朝 B 处。

2）等高线修剪

单击"等高线/等高线修剪/批量修剪等高线"，弹出如附图 3.25 所示对话框。

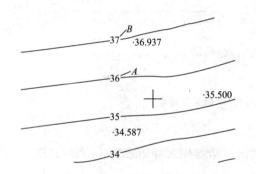
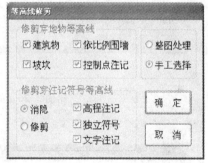

附图 3.24　等高线高程注记　　　　附图 3.25　"等高线修剪"对话框

首先选择是消隐还是修剪等高线；然后选择是整图处理还是手工选择需要修剪的等高线；最后选择地物和注记符号，单击"确定"后会根据输入的条件修剪等高线。

3）切除指定二线间等高线

命令区提示：选择第一条线：用鼠标指定一条线，例如选择公路的一边。选择第二条线：用鼠标指定第二条线，例如选择公路的另一边。程序将自动切除等高线穿过此二线间的部分。

4）切除指定区域内等高线

选择一封闭复合线，系统将该复合线内所有等高线切除。注意，封闭区域的边界一定要是复合线，如果不是，系统将无法处理。

5）等值线滤波

此功能可在很大程度上给绘制好等高线的图形文件"减肥"。一般的等高线都是用样条拟合的，这时虽然从图上看出来的节点数很少，但事实却并非如此。以高程为 38 的等高线为例说明，如附图 3.26 所示。选中等高线，你会发现图上出现了一些夹持点，千万不要认为这些点就是这条等高线上实际的点，这些只是样条的锚点。

要还原它的真面目，请做下面的操作。

用"等高线"菜单下的"切除穿高程注记等高线",然后看结果,如附图 3.27 所示。

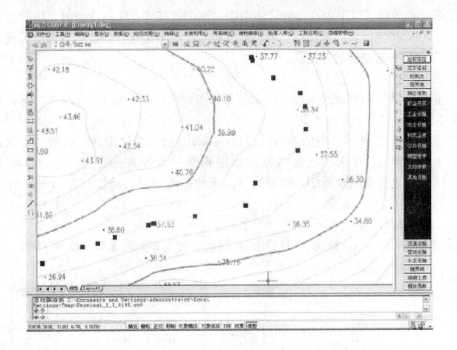

附图 3.26　剪切前等高线夹特点

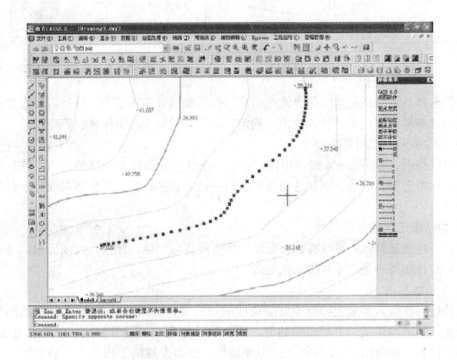

附图 3.27　剪切后等高线夹持点

这时，在等高线上出现了密布的夹持点，这些点才是这条等高线真正的特征点，所以如果你看到一个很简单的图在生成了等高线后变得非常大，原因就在这里。如果你想将这幅图的尺寸变小，用"等值线滤波"功能就可以了。执行此功能后，系统提示如下。

请输入滤波阈值：<0.5m>这个值越大，精简的程度就越大，但是会导致等高线失真（即变形），因此，用户可根据实际需要选择合适的值。一般选系统默认的值就可以了。

5．绘制三维模型

建立了DTM之后，就可以生成三维模型，观察一下立体效果。移动鼠标至"等高线"项，单击，出现下拉菜单。然后移动鼠标至"绘制三维模型"项，单击，命令区提示如下。

输入高程乘系数<1.0>：输入5。

如果用默认值，建成的三维模型与实际情况一致。如果测区内的地势较为平坦，可以输入较大的值，将地形的起伏状态放大。因本图坡度变化不大，输入高程乘系数将其夸张显示。

是否拟合？(1)是 (2)否 <1>回车，默认选1，拟合。这时将显示此数据文件的三维模型，如附图3.28所示。

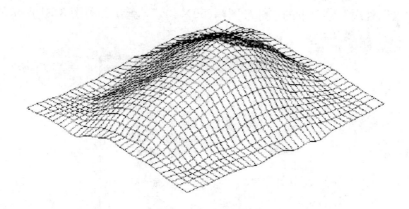

附图 3.28　三维效果

另外利用"低级着色方式"、"高级着色方式"功能还可对三维模型进行渲染等操作，利用"显示"菜单下的"三维静态显示"的功能可以转换角度、视点、坐标轴，利用"显示"菜单下的"三维动态显示"功能可以绘出更高级的三维动态效果。

3.6 加 注 记

下面我们演示在平行等外公路上加"经纬路"三个字。

选取右侧屏幕菜单的"文字注记－通用注记"项，弹出如附图3.29所示的界面。

首先在需要添加文字注记的位置绘制一条拟合的多功能复合线；然后在注记内容中输入"经纬路"并选择注记排列和注记类型，输入文字大小确定后；最后选择绘制的拟合的多功能复合线，即可完成注记，如附图 3.30 所示。

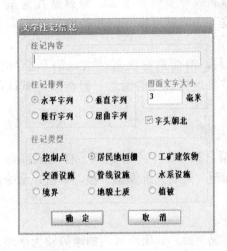

附图 3.29　"文字注记信息"对话框

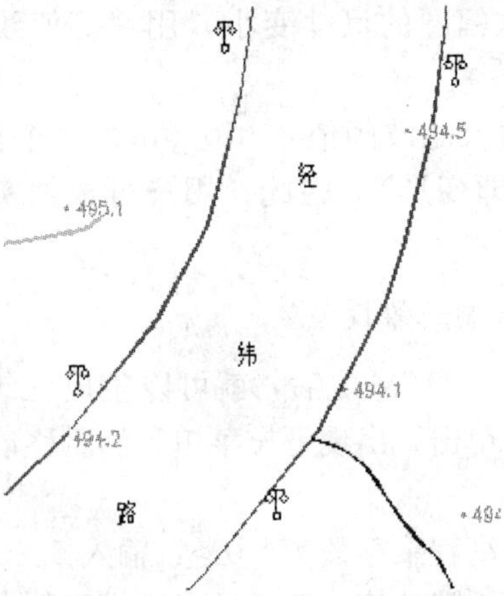

附图 3.30　文字注记

3.7　加　图　框

单击"绘图处理"菜单下的"标准图幅(50×40)"，弹出如附图 3.31 所示的界面。

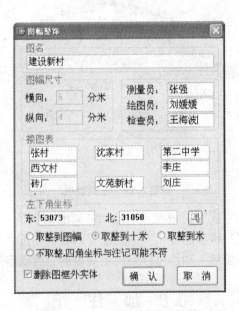

附图 3.31　"图幅整饰"对话框

在"图名"栏里，输入"建设新村"；在"左下角坐标"的"东"、"北"栏内分别输入"53073"、"31050"；在"删除图框外实体"栏前打钩，然后单击"确认"按钮。这样这幅图就做好了，如附图 3.32 所示。

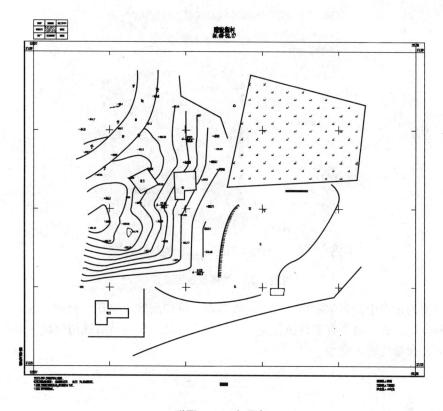

附图 3.32　加图框

3.8　绘 图 输 出

用鼠标左键点取"文件"菜单下的"用绘图仪或打印机出图",进行绘图。绘图输出地图前,应正确设置绘图仪或打印机的各项绘图参数,如附图 3.33 所示。

选好图纸尺寸、图纸方向之后,单击"窗选"按钮,用鼠标圈定绘图范围。将"打印比例"一项选为"2∶1"(表示满足 1∶500 比例尺的打印要求),通过"部分预览"和"全部预览"可以查看出图效果,满意后就可单击"确定"按钮进行绘图了。

一步一步地按着上面的提示操作,到现在就可以看到第一份成果了。

在操作过程中要注意以下事项:

千万别忘了存盘(其实在操作过程中也要不断地进行存盘,以防操作不慎导致丢失)。正式工作时,最好不要把数据文件或图形保存在 CASS 7.0 或其子目录下,应该创建工作目录。比如在 C 盘根目录下创建 DATA 目录存放数据文件,在 C 盘根目录下创建 DWG 目录存放图形文件。

在执行各项命令时,每一步都要注意看下面命令区的提示,当出现"命令:"提示时,要求输入新的命令,出现"选择对象:"提示时,要求选择对象等。当一个命令没执行完时最好不要执行另一个命令,若要强行终止,可按"Esc"键或按"Ctrl"的同时按下"C"键,直到出现"命令:"提示为止。

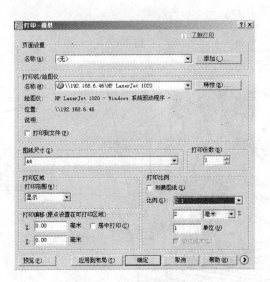

附图 3.33 绘图仪出图设置

在作图的过程中，要常常用到一些编辑功能，例如删除、移动、复制、返回等，需正确掌握和运用。有些命令有多种执行途径，可根据自己的喜好灵活选用快捷工具按钮、下拉菜单或在命令行输入命令。

附录4 技术设计书案例

××1：500 地形图测绘技术设计书
(××测区)

1. 测区概况

本工程测区位于××市区的西部，属××乡，测区面积 16km²。测区以居民地与湿地为主，地形地物相对较为简单。测区内已有城市二等水准点，并可利用 HZCORS 控制布点。××东临××，南望××，西临××，北靠××，整体地形呈现南高北低之势，三面与主城区接壤，区位优势显著。境内鱼塘星罗棋布、河道交错、柿树林立，整体生态环境优异。常住人口 21359 人，区域面积达 22.71km²。

2. 作业方法及内容

1) 作业方法

目前××市 GPS 卫星定位导航综合服务系统(HZCORS)已经建成，利用永久性连续运行参考站和控制中心，通过 GPRS 等现代通信网络，可达到厘米级的精度水平。本项目利用 HZCORS 系统(网络 RTK)布设图根控制点。在项目开始进行图根控制测量之前，首先在水准点上进行高程检测，证明高程精度满足要求后开始图根测量。对使用 HZCORS 测量(网络 RTK)的部分图根点采用水准测量方法进行高程检测。

地形图测绘使用全站仪或 GPS-RTK 采集外业数据，内业使用 CASS 软件、MicroStation 软件进行编辑，最终输出 dgn 格式的图形数据文件。

2) 作业内容

(1) 图根控制测量。

(2) 图根点高程检测。

(3) 1：500 数字地形图测绘。

(4) "一图"数据编辑。

(5) "二图"数据编辑。

3. 执行标准

1) 平面坐标系统及高程系统

(1) 平面坐标系统采用××地方坐标系。

(2) 高程系统采用 1985 国家高程基准。

2) 地形图分幅与编号

地形图采用 50cm×50cm 分幅；地形图编号以 1：2000 地形图(50×50)为基础进行编号，一幅 1：2000 地形图分成 16 幅 1：500 地形图，1：2000 地形图有新旧两种编号，新图号在前，旧图号在后，如：63-83.0(4-1705)，1：500 地形图编号为：63-83.0-1(4-1705-1)。

3）作业依据

（1）《城市测量规范》（CJJ 8—99）。

（2）《1∶500　1∶1000　1∶2000　国家基本比例尺地图图式》（GB/T 20257.1—2007）。

（3）《××省 GPS—RTK 测量技术规定（试行）》（ZCB 001—2008）。

（4）××省地方标准《1∶500、1∶1000、1∶2000 基础数字地形图测绘规范》（DB33/T 552—2005）。

（5）××测绘管理处编制《1∶500、1∶1000 图式符号及补充规定》。

（6）经××测绘管理处审批后的本项目《××市 1∶500 地形图测绘技术设计书》。

4．测区内可利用资料

（1）测区内已有的 1∶2000 地形图，可供作业计划使用。

（2）测区城市二等水准点可作为低等级水准测量的起算点使用。

5．图根控制测量

（1）采用 HZCORS（网络 RTK）施测图根控制点。

① 图根点点位尽量选在交通便利的地方，以便于作业观测及其他测量手段利用。

② 图根点应最少有一通视点。

③ 点位的基础应坚实稳定，易于保存，并应有利于安全作业。

④ 点位周围应便于操作，视野开阔，视场内不宜有高度角大于 15°的成片障碍物。

⑤ 点位应远离高压线和大功率无线电发射源（如电视台、微波站等），离高压线不小于 50m，必须在发射源附近设点时，应在其停播时观测。

⑥ 观测的采样间隔为 1s，每次观测历元数应≥15 个；有效观测卫星数≥5 个，PDOP 值≤6。

⑦ 单次观测的平面收敛精度≤1.5cm，高程收敛精度≤2cm。

⑧ 初始化观测 2 次，两次测定图根点坐标的点位互差≤5cm，两次测定高程互差≤5cm；符合限差要求后取中数作为图根点坐标测量成果，否则重测。

（2）在图根控制测量工作开始之前，首先在水准点上进行高程检测，当测量高程与已知水准高程之差不大于 5cm 时方可开始图根测量。当检测的高程之差大于 5cm 时应增加检测点的个数，如果发现检测高差存在系统性误差，应重新检查计算转换参数。

（3）图根点的密度以满足测图需要为原则，一整幅图在平坦开阔地区一般要有四个图根点，在地形复杂、隐蔽及城市建筑区，密度要适当加大。

（4）图根点用木桩或水泥钉标定其位置，使用木桩时，桩顶要有铁钉。图根点需要在地面或附近地物上涂红漆标记。

（5）对于使用 HZCORS（网络 RTK）测量的图根点，采用水准测量方法检测部分点的高程。检测水准路线长度不大于 8km 时，按图根水准进行检测，线路长度大于 8km 时，按四等水准进行检测。

（6）局部图根点密度不能满足测图需要时，可采用光电测距支导线方法在图根点的基础上增补测站点。支导线用全站仪测量，支导线不超过 3 条边，最大边长不超过 200m。支导线的高程用光电测距三角高程往返观测，每边往返测高差不符值不大于 7cm。

6. 1:500数字地形图测绘

1) 地形图及数据文件命名

(1) 图名取用图幅内较大的自然地理名称或企事业单位名称,当图内没有名称取用时只注记图号。

(2) 图形数据文件以旧图号为基础进行命名,去掉中间的短线。

2) 地形图精度要求

(1) 地形图平面精度要求:地物点相对于邻近图根点的点位中误差应符合下附表4-1要求。

附表4-1　地物点相对于邻近图根点的点位中误差

地物点类型	点位中误差(cm)	间距中误差(cm)
一类地物点	±5.0	±5.0
二类地物点	±7.5	±7.5
三类地物点	±25.0	±20.0

注:① 一类地物点:又称主要地物点,指道路、街道、巷道两侧明显建筑物拐点。

② 二类地物点:又称次要地物点,主要指设站施测困难的明显建筑物拐点及农村居民地明显建筑物拐点。

③ 三类地物点:除以上两类地物点的其他地物点。

(2) 地形图高程精度,平坦地区用高程注记点相对于邻近图根点的高程中误差来衡量,山地用等高线插求点的高程中误差来衡量,具体要求见附表4-2。

附表4-2　高程注记点中误差

地区类别	等高距(m)	高程注记点中误差(m)
建筑区和平坦地区	0.5	≤±0.15

3) 地形图数据采集

(1) 一般规定。地形图测绘使用全站仪或GPS-RTK进行外业数据采集,最终上交的地形图数据格式为dgn。所有线状符号应保证在不打开线型的情况下能够严格接边。测区内的军事管制区,不测绘、不注记。

(2) 全站仪或GPS-RTK进行外业数据采集的要求。

① 设站时,仪器对中误差不大于3mm,仪器高、觇标高量记至毫米。测点的坐标保留至1mm,高程注记至1cm。

② 每天观测前要测定一次垂直度盘指标差,指标差不得超过1′,否则应在测点高程中加入相应的改正。

③ 测图前,以较远的一图根点标定方向,用另一图根点进行检核。所测检核点的平面误差不大于±5cm,高程误差不大于±10cm。检核数据要列表统计。

④ 全站仪最大测距长度200m。

⑤ 使用GPS-RTK采集数据时必须视野开阔,视场内不应有高度角大于15°的成片障碍物,观测的采样间隔为1s,每次观测历元数应≥5个;有效观测卫星数≥5个,PDOP值≤6;观测的平面收敛精度≤1.5cm,高程收敛精度≤2cm。

(3) 测绘内容及取舍(部分,这里做了删减)。测图范围内的图根控制点均要展绘在图上,图根点高程记至 0.01m。房屋应逐个、分层表示,不综合,棚房只表示固定的,临时性的建筑工棚、临时性的售货房(棚)不表示,但单位内的车棚要表示;房顶的出口建筑、水箱等不表示;每栋楼下的粪池不表示。

① 居民地为面状要素,要求各测点相互连接形成一个封闭面,并且不得有交叉重叠或裂隙。

② 房屋要注明建筑结构和层数,小区或新村的居民住宅楼要注记幢号。楼栋号用带圆圈的阿拉伯数字注在房屋内左上方,结构及层数注在房内中间。

③ 作为一个整体的建筑物,因层次不同,但其性质以主体建筑物为准。如主体为"砼",其他不论层次均为"砼";如主体为"混",整体为"混";以钢为承重结构的建筑物注"钢"。

④ 阳台、房屋底层走廊、建筑物的门廊均需表示,除古典式建筑大于1m 的屋檐表示外,其余屋檐不表示。建筑时整体封闭的阳台按房屋表示,房屋走廊或阳台两端的落地墙用女儿墙表示。飘窗宽度大于 0.5m 的按阳台表示。空调台子不表示。二层以上悬空式房屋内部线用虚线表示。走廊、门廊的柱子长、宽不足 0.5m 时用 1.0mm 的圆圈代替,大于 1.0mm 者按实际大小及形状表示。

⑤ 房屋二楼的固定雨罩,当凸出大于 1m 时用雨罩符号表示,小于 1m 者舍去。雨罩下有台阶、花坛、陡坎等地物时,雨罩不表示。楼门口的小型雨罩不表示。因装饰而凸出的部分不表示。

⑥ 房屋外的台阶,当可绘 3 级符号时应表示;室外楼梯均应表示,楼梯中间的分界线和转弯处的平台应表示。

⑦ 围墙、栏杆、栅栏均要表示;篱笆、铁丝网、活树篱笆只表示永久性的、正规的、固定的,简易临时的一般不表示。农居院落旁较大的灌木树,其密度和作用起篱笆作用的,用活树篱笆符号表示。复合围墙或花墙,其下部实墙高度在 1.2m 以上的以围墙表示,小于 1.2m 上部有栅栏的则以栅栏符号表示。

⑧ 围墙与房屋的关系要正确表示。房屋是一个整体,围墙接连在房边;依附围墙而建的棚房或简单房屋,围墙绘完整;围墙与房屋之间的距离小于 0.2m 时两边重合表示。

⑨ 门墩与围墙、门墩与门顶、围墙与门顶之间的关系要准确表示。围墙中的门口应表示,门口的门墩应表示。

⑩ 各种独立地物要逐个表示。房屋内的烟囱不表示;加油站的加油柜一般逐个表示,加油柜较多时可取舍;道路上的路灯均应表示,单位内的路灯要表示,广场上的大型灯用照射灯符号表示;消火栓逐个表示;机关、厂矿、学校等处的旗杆应逐个表示;独立固定的宣传橱窗、标语牌、广告牌要表示,附设在墙上或是屋顶上的不表示;学校、工矿企业等单位的共用水龙头要表示;绿地内的喷水水龙头选择有代表性的表示;水井均要表示;房顶上的杆、塔仅表示广播电台和电视台的发射天线;小区内的报箱不表示;道路上的摄像头要表示。

⑪ 公路、街道要注记名称、铺面材料,不注等级。公路的铺装面边线要测绘,路边高于 0.5m 的坎要表示。路面材料为水泥者注"水泥"。道路两旁的人行道不注记材料。

⑫ 路宽 4m 以上，路面铺以沙、碎石、矿砟用等外公路表示。

⑬ 路面宽度在 2～4m 的为大车路，1～2m 者为乡村路，1m 以下为小路。

⑭ 公园、机关、厂矿内部有铺装材料的道路用内部通道表示，如果内部全铺设水泥随处可通行，则在道路通到水泥场地处注"水泥"，内部道路中断。

⑮ 路堤、路堑应按实地宽度绘出边界，并应在坡顶、坡脚测注高程。

⑯ 城区、村镇内的道路用街道线表示。巷道或村镇小街可用房边线代替街道线。

⑰ 主要道路上的检修井应表示，密集处可取舍；主要街道上的污水箅子应表示；单位及小区内的检修井要表示。依比例尺电力井范围线用虚线表示。

⑱ 桥梁有名称的要注记名称和建筑材料，无名称的只注建筑材料，混凝土桥注"砼"。

⑲ 电力线 10000V 以上的用高压线符号表示，其余用低压线符号表示。工厂、单位、村庄内部的低压线路一般应表示，只绘线路走向不连线。通信线表示主要的永久性的，无杆挂靠在房子上的通信线不表示。工厂、单位内的通信线要表示，空电线杆不表示。

⑳ 各种地下管线(地下电力线、地下通讯线、地下管道等)不表示，地面能分辨的各种暗沟应表示。架空的、地面上的、有管堤的管道均应表示，支柱实测，并注记传输物质的名称。

㉑ 河流、溪流、湖泊、水库等的水涯线及岸边均要实测，当岸边为陡坎时水涯线可省略。池塘、水渠水涯线测绘以坎边为准，但当池塘边为加固坎时只测坎省略水涯线，当塘边为坡时坡与水涯线分别测绘。湖泊、河流有名称时要注记名称，一般的池塘注"塘"字，主要用来养鱼的注"(鱼)"字。

㉒ 沟渠宽度在 0.5m 以下者用单线水渠表示，宽度为 0.5m 以上者用双线表示。堤上沟渠当堤高于地面 0.5m 以上的按有堤岸的沟渠符号表示。耕地和水田内小水渠密集的地方可进行适当取舍，图上基本 3cm 绘一条即可。

㉓ 区级的行政界线要测绘。

㉔ 建筑区、平地及一般的人工绿地不绘等高线，山地要绘等高线。

㉕ 高度大于 0.5m 的坎全部表示，高度小于 0.5m 时，要表示较长的、系统的，当坎的水平投影长度大于 1m 时用坡符号表示。坎一般不注记比高，但坎上、下均要测注高程点。

㉖ 古树名木的位置应实测表示，古树名木要注记树名。

㉗ 大面积按整列式表示的植被，符号的间距扩大至《图式》规定间距的 2 倍表示。

㉘ 路旁、单位及居民院内的花坛均要表示。院内起绿化作用的行树视情况用花坛或行树符号表示。花坛的范围线高出地面 0.2m 以上时用实线表示，不足 0.2m 时视情况用相应的线型表示。

㉙ 农田中的田埂要表示，田埂密集的地方可以进行适当取舍。

㉚ 各种名称、说明注记和数字注计要准确注出。居民地、建筑小区、旅游景点、道路、街巷、山岭、河流等自然地理名称，以及主要单位名称，均应进行调查核实，按全称注记。

㉛ 内业成图对外业作业组的特别要求。

a. 作业软件采用 CASS 7.0。

b. 图层需要按照 CASS 标准分层，删除不需要的图层。

c. 所有的实体必须都有 CASS 编码且必须正确，特别是房屋注记、水系注记、等高线高程注记和示坡线等。通过过滤无属性编码，检查所有的图是否都已加编码。

d. 所有应实交的地物线划应完全吻合，不得出现悬挂。

e. 骨架线层（assist）必须保留，不要删除。

f. CAD 图中的块名大小写应该统一，如全为小写或全为大写。

g. 等高线都有高程，且高程必须正确。

h. 高程点、控制点必须有符号和高程注记。

i. 绘图过程中不能拟合，二维多段线、三维多段线、样条曲线、圆弧需转换成多段线。

j. 所有的线性都需要按照前进方向的左边绘制。

k. 所有的数据不能重复。

l. 沙滩、图框等不能为块，必须炸开。

m. 地物相交处必须有节点。

7. 质量保证措施

（1）按照××测绘有限公司的质量体系文件作业，严格执行 ISO 9001（2007C 版）质量体系标准，做好质量控制和质量记录。

（2）项目经理对工序的作业质量及进度负责。

（3）作业中做好信息反馈，对于难以由作业单位自行解决的问题，由项目经理汇总后以书面形式报甲方解决。

（4）项目成果严格按我公司的质量体系文件要求进行质量检查。

（5）作业员对所做成果质量负责，各级检查员对所查产品质量负责。

8. 工期保障措施

合理的进度安排是保证质量和工期的前提条件，拟采取以下措施保证工程工期。

（1）本项目实行项目管理。由项目负责人负责各工序进度控制及工序衔接管理。任务安排实行责任到人，保障作业进度按计划进行。

（2）根据技术设计，制订进度控制和工序衔接计划，合理安排各工序的作业顺序，采用滚动作业的方法提高劳动生产率。组织作业人员学习技术设计书，将技术要求贯彻到作业一线。加强质量检查，做到作业按规程，检查有记录，及时发现、消除工作中的质量隐患，从技术、质量两方面保障生产效率。

（3）根据技术要求、作业环境、生产进度安排，项目负责人及时合理调配作业人员和仪器设备。

（4）按期检查进度计划执行情况，根据实际情况作出反馈与调整。特别是××市每年的 5 月、6 月、7 月份为多雨季节，应合理安排雨季的野外作业。在不下雨的季节增加人员、设备以加快作业进度。雨季在家配合内业编辑人员进行数据编辑或进行野外数据的检查工作，天气放晴后应立即出外施测。

（5）在项目进展过程中，随时听取业主对项目质量和进度的意见，并及时作出回应与调整。

（6）技术管理部及时对各工序过程和工序产品进行跟踪质检，确保合格产品进入下道工序，保证工程进度。

9. 项目组织管理

1）工程组织机构（附图4.1）

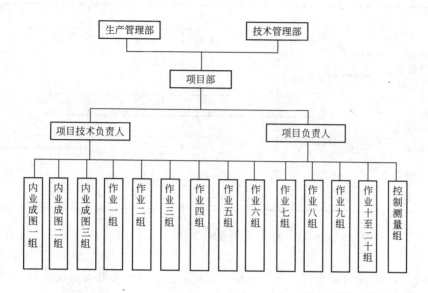

附图4.1　工程组织机构

（1）项目负责人。本项目实行项目经理负责制。项目经理对本项目的工期、质量和成本全面负责。

（2）项目技术负责人。负责本项目的测区作业技术设计编写、实施本项目的一切技术工作，并实施过程检查。

（3）技术管理部。负责本项目的质量管理，并监督技术设计的实施及负责产品最终检查。

2）本次工程拟投入人员和设备（附表4-3）

附表4-3　本工程投入的主要仪器设备清单

序号	仪器设备名称	规格型号	数量	仪器鉴定时间	备注
1	GPS	灵锐 S86		2008.09	RTK 系统
3	水准仪	DINI03		2009.03	0.3mm/Km
5	拓普康全站仪	GTS-335		2009.03	5″级全站仪
6	拓普康全站仪	GTS-335W		22009.03	5″级全站仪
7	拓普康全站仪	GPT-3005LN		2009.03	5″级全站仪
8	计算机				
10	激光打印机	HP$_{1280}$			
11	车辆	桑塔纳 2000			

××测区项目部，下设24个内外业作业组，整个项目拟投入技术人员46名，其中具有中高级职称的技术人员21名。同时精心准备了足以完成本项目及状态良好的仪器设备。

10. 生产进度计划表（附表 4-4）

附表 4-4 生产进度计划表

工作内容	×月			×月			×月		
	上旬	中旬	下旬	上旬	中旬	下旬	上旬	中旬	下旬
资料设备准备、编写设计书	━━								
图根控制、野外数据采集、过程检查		━━━━━━━━━━━━━━━━━							
数据编辑检查						━━━━━			
测绘产品最终检查									━━
资料上交									━━

整个工程预计从 20××年×月上旬开始，20××年×月×日前结束，分五阶段实施完成。

第一阶段：10 天内完成相关资料收集、野外巡视、设备的准备以及项目设计的编写。

第二阶段：完成野外测量、检查工作。

第三阶段：数据的编辑和检查。

第四阶段：公司技术管理部组织产品最终检查。

第五阶段：提交资料由甲方检查验收。

11. 作业流程

项目的作业流程安排如附图 4.2 所示。

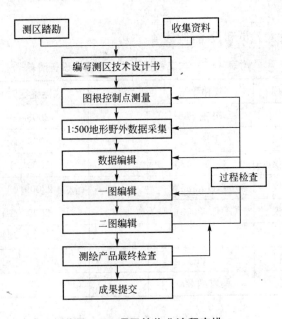

附图 4.2 项目的作业流程安排

12. 安全控制措施

1) 生活安全

(1) 加强对日常用电、行车、餐饮及燃气设备等管理和监督检查，及时发现并消除一切不安全因素，防止火灾、人身伤亡、食物中毒等事故发生。

(2) 对于测量仪器设备，明确专人负责和保管，严防破坏或丢失。

(3) 加强外业测绘员工的自我防范意识，离开住所时，关好门窗，并切断电源，防止财物丢失或引起火灾。

(4) 使用液化气要开窗、通风，防止气体中毒。

(5) 炊事员要做到讲究卫生，食品防腐、防投毒、防病菌，防止动物病菌传播毒源。不购买腐烂及不新鲜食物、生熟食物要隔离。

2) 作业安全

(1) 严格遵守作业规程，出收工、装卸、运输、操作仪器时要严格执行仪器使用、保护制度。行程中携带仪器人员不得与仪器分离，要采取防震措施。作业过程中仪器操作员不准离开仪器，作业迁移及收工时要认真检查设备，以免发生损坏、丢失。

(2) 爱护仪器设备，不把计算器、手持 GPS、对讲机等贵重设备与斧头等杂物混装。不得将垂直杆当手杖使用，防止尖端磨损、中部弯曲。

(3) 在作业现场作业严防踏空和高空坠物。

(4) 在工作中使用插、拔电缆插头，要姿势正确，防止电缆扭曲。要了解当地供电电压状况，防止电压过高烧毁充电器、计算机、对讲机等电器设备。要特别注意 GPS 主机发射导线保护，防止导线断裂引起短路烧毁发射电路板。

(5) 在高压线路下作业时，要特别谨慎、小心，必须保持人员、垂直杆、尺子等与电线之间的距离(高度)。

(6) 应做好防暑工作，合理安排作业时间，尽量避免在高温时段让员工长时间在室外工作。

(7) 雷雨天气，不在山顶、大树和高压电线杆下停留，不使用金属杆雨伞，以防雷击。

(8) 严禁擅自下河游泳、作业中必要涉水时，必须穿救生衣。

3) 行车安全

(1) 测绘外业用车严格执行公司的《交通安全管理办法》。

(2) 测区道路路况较差，水塘、水沟较多，条件复杂，对不安全的路段避免冒险通过。

13. 上交成果资料

(1) 仪器检定资料。

(2) 数据光盘两套。

(3) 喷绘聚酯薄膜"二图"1 套。

(4) 用聚酯薄膜打印一份图幅结合图，并提供 dgn 格式电子文档 1 份。

(5) 地形图实测的全站仪打点数据及展点图。

(6) 技术设计书 1 份。

(7) 技术总结 1 份。

(8) 检查报告 1 份。

注意：所有提交的文字成果资料均需 A4 规格，装订成册。

附录5 技术总结案例

××市 1:500 地形测绘技术总结
(××测区)

1. 概况

1) 测区概况

本工程测区位于××市区的西部,测区面积 17.6km²。测区以居民地与湿地为主。测区内已有城市二等水准点,利用 HZCORS 布设控制点。该测区东拥××,南望××,西临××,北靠××,整体地形呈现南高北低之势,三面与主城区接壤,区位优势显著。境内鱼塘星罗棋布、河道交错、柿树林立,整体生态环境优异。常住人口 21359 人,区域面积达 22.71km²。

2) 工程概况

为满足建设和社会经济发展的需要,根据××市规划局的要求,对××测区进行 1:500 数字地形测绘工作,为地理信息系统提供准确、优良的属性数据与基础空间数据。

我公司作为××测区项目的实施人,为做好本项目工作,按照项目招标文件及相关技术规范、文件要求,从 20××年×月下旬进场测量,经过 2 个多月的努力工作,于 20××年×月月底提交地形图及控制全部资料。现根据完成本项目的工作情况,编写本项目技术总结。

3) 工作内容及工作量

(1) 用 HZCORS(网络 RTK)施测的图根点 1520 个,其中固定图根点 735 个,一般图根点 785 个。

(2) 图根点高程联测与检查,按四等水准精度共联测图根点 402 点。

(3) 1:500 数字化地形图测绘 17.6km²。

(4) 地名信息调绘 17.6km²;

4) 作业起止日期

本项目自 20××年×月×日作业组进场作业,至 20××年×月中旬结束,见附表 5-1。

附表 5-1 工程进度表

项目	作业起始	作业完成	备注
图根点选点、埋石	20××.×.×	20××.×.×	
图根点观测、计算	20××.×.×	20××.×.×	
图根水准观测	20××.×.×	20××.×.×	
1:500 地形图测绘	20××.×.×	20××.×.×	
内业数据整理	20××.×.×	20××.×.×	
过程检查	20××.×.×	20××.×.×	
最终检查	20××.×.×	20××.×.×	

5）工程组织概况（附表 5-2）

附表 5-2　工程组织结构表

项目	日期	主要参加人员
项目策划、技术设计书编写与审核	20××.×.×	
图根控制测量	20××.×.×	
项目	日期	主要参加人员
图根高程联测（水准）	20××.×.×	
1：500 地形图测绘	20××.×.×	
地名信息调绘	20××.×.×	
内业处理、总结编写	20××.×.×	
过程检查	20××.×.×	
最终检查	20××.×.×	

项目总负责人：×××

项目技术总负责人：×××　项目经理：×××

6）投入的仪器设备（附表 5-3）

附表 5-3　仪器设备表

序号	仪器设备名称	规格型号	数量	仪器鉴定时间
1	GPS 接收机	南方 S86	×台	
2	全站仪	拓普康 GTS	×台	
3	全站仪	尼康 DTM	×台	
4	水准仪	天宝 DINI12	×台	
5	计算机	DELL 笔记本	×台	
6	绘图仪	HP-800	×台	
7	打印机	HP1020	×台	
8	南方 CASS7.0	7.0	×套	
9	NASEW95 平差软件	95 版	×套	
10	MicroStation	V8 版本	×套	
11	汽车	别克商务车	×辆	

2. 作业依据

（1）《城市测量规范》（CJJ 8—99）。

（2）《1：500、1：1000、1：2000 国家基本比例尺地图图式》（GB/T 20257.1—2007）。

（3）《××省 GPS-RTK 测量技术规定（试行）》（ZCB 001—2008）。

（4）××省地方标准《1：500、1：1000、1：2000 基础数字地形图测绘规范》（DB33/T 552—2005）。

(5) ××测绘管理处编制《1∶500、1∶1000 图式符号及补充规定》。

(6) 经××测绘管理处审批后的《××市 1∶500 地形图测绘技术设计书》(××测区)。

3. 坐标和高程系统

(1) 平面坐标系统：杭州坐标系。

(2) 高程系统：1985 国家高程基准。

4. 已有资料及利用情况

(1) 测区内已有的 1∶2000 地形图，可供作业计划使用。

(2) 测区城市二等水准点作为水准测量的起算点使用，二等水准点保存完好，周边地形未见变化。

5. 图根控制测量

根据甲方要求，本次 1∶500 地形图测绘直接采用市 HZCORS(网络 RTK)布设图根控制点，部分图根高程采用图根水准进行联测和校测。17.6km² 地形共布设图根点 1520 个，其中固定图根点 735 个，按四等水准精度要求共联测图根点 402 点。

1) 图根控制点选点

测区内因河流边林木、竹林等影响通视的因素较多，图根点选埋满足下列要求：

(1) 图根点位一般选在道路边或空旷的地方，以便于作业观测及其他测量手段利用。

(2) 图根点保证至少有另一点与之通视。

(3) 点位选在基础坚实稳定，易于保存，并有利于安全作业的地方。

(4) 点位选在便于操作，视野开阔，视场内没有高度角大于 15°的成片障碍物的地方。

(5) 点位选在远离高压线和大功率无线电发射源(如电视台、微波站等)的地方。

2) 图根点的埋设

(1) 在道路边或公共设施水泥地面的固定图根点，现场打带十字的道钉，红漆画方框及编号。

(2) 位于田埂、空地的固定图根点位埋设采用现浇单层混凝土标石或预制水泥桩埋设。

(3) 普通图根点用木桩或打钉子加喷漆。

(4) 图根点编号以字母"A、B…"等打头，其后紧接数字，各测绘小组在不重复字母的情况下自行编号。

3) 图根控制点的观测(附表 5-4)

附表 5-4 GPS 观测技术要求

等级	卫星高度角	有效观测卫星数	每次观测历元数	观测的采样间隔	PDOP 值
图根	≥15°	≥5	≥15	1s	≤6

(1) 外业观测选用 2 台南方 GPS 接收机进行，采用市 HZCORS(网络 RTK)进行观测。

(2) 基本技术要求。

外业观测时单次观测的平面收敛精度≤1.5cm，高程收敛精度≤2cm。

(3) 仪器架设采用铝合金轻便对中杆(带三脚架)，气泡进行严格校正。

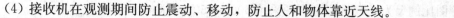

（4）接收机在观测期间防止震动、移动，防止人和物体靠近天线。

（5）初始化观测 2 次，测出点位 WGS84 系统下的坐标，再经过 HZCORS（网络 RTK）软件进行坐标转换，两次测定图根点坐标的点位互差≤5cm，两次测定高程互差≤5cm；符合限差要求后取中数作为图根点测量成果。

（6）每日观测结束后，及时将数据转存至计算机硬、软盘上，确保观测数据不丢失。

6. 图根水准联测

1）水准测量

根据规划局要求，并考虑到项目现场树林、竹林较多，为确保本工程的高程精度，对 HZCORS（网络 RTK）系统的高程测量点进行了部分水准联测和校测。

（1）测区现有等级水准点为：II013、II329，分布在测区的东西两端，等级点比较少，综合考虑高等级水准点的位置、测区交通状况、水系情况和技术要求，为了确保水准测量的精度，本次图根水准按四等水准精度技术要求进行测量，水准路线用附合路线或结点网的形式。

（2）经与业主协商，按四等水准的技术要求施测的图根点，在图根成果表中注明为水准高程。

本次水准共联测了 402 个点，高程中误差：±0.027m。与 HZCORS（网络 RTK）系统所测高程最大差值在 5 至 6cm 的点有 7 个，所占比例为 1.7%。

2）水准观测技术要求

水准观测采用 DINI12 电子水准仪。

水准测量观测顺序为后后前前。转站点采用尺台，尺台选放在土质坚硬处。

水准观测要求，见附表 5－5。

附表 5－5　四等水准测量技术要求

等级	视线长度	前后视距差	每站的前后视距积累差	视线高度
四等	≤100m	≤3.0m	≤10.0m	三丝能读数

测站观测限差，见附表 5－6。

附表 5－6　四等水准测量测站限差

等级	观测方法	二次所测高差的差
四等	中丝读数法	5.0mm

3）平差计算

四等水准的平差计算利用北京清华山维新技术开发公司的《NASEW95 工程控制网微机平差系统》软件进行严密平差。

起算点采用二等水准点Ⅱ杭城 013、Ⅱ杭城 329。

控制网中最大误差情况：最大点位误差＝0.01996m，最大点间误差＝0.01298m。

7. 1：500 数字地形图测绘

1）1：500 数字测图

（1）数字测图基本要求。

① 测图比例尺为 1:500，地形图采用 50cm×50cm 标准分幅。

② 地形图测量采用全要素野外数字解析法测定，作业方式采用编码法，实行内外业一体化工作：使用全站仪内存记录碎部点坐标，在南方 CASS7.0 成图软件下输出 dwg 文件，再根据工作草图，经内业编辑成图。

为保证地物点、地形点的精度，采用多站近测的原则，困难地区增设测站点，采用小棱镜测点以减小棱镜中心到点位的误差距离，每天设站都进行测站点、定向点检核，并施测一定数量的重合点进行检测，减少不必要的失误。隐蔽地区配以钢尺量距，几何法测定地物地貌要素。

③ 碎部点的数据采集利用全站仪单次测距，水平角、垂直角半测回测定。

④ 对测站点的起算数据及后视点 100% 进行检核，在测站结束时，水平角进行归零检查。

⑤ 地物点相对于邻近图根点的点位中误差符合以下指标，见附表 5-7。

附表 5-7 误差标准　　　　　　　　　　　单位：cm

地物点类型	具体内容	中误差	
		点位	间距
一类地物点	指城镇道路、街(巷)道两侧，以及位于城镇的居住区、企事业单位内部的明显建筑物角点	5.0	5.0
二类地物点	指其他建筑物和简单房屋的明显角点	7.5	7.5
三类地物点	除上述两类地物点外的其他地物点	25.0	20.0

注：间距中误差为同类邻近地物点间距的中误差。

⑥ 地形图高程精度用高程注记点相对于邻近图根点的高程中误差来衡量，具体要求见附表 5-8。

附表 5-8 高程精度

地区类别	等高距(m)	高程注记点中误差(m)
建筑区和平坦地区	0.5	≤±0.15

⑦ 地形图各要素的表示符合《1:500、1:1000、1:2000 国家基本比例尺地图图式》国家技术监督局 GB/T 20257.1—2007、××省地方标准《1:500、1:1000、1:2000 基础数字地形图测绘规范》(DB33/T 552—2005)、××测绘管理处编制《1:500、1:1000 图式符号及补充规定》。

⑧ 数字测图的特点之一就是内业工作量大，且是决定地形图质量的关键环节，各作业组均做到外业站站清，内业做到天天清、幅幅清。

⑨ 为了保证数据安全，预防电脑出错、系统瘫痪而导致外业原始数据及图形文件丢失等事故的发生，每个作业小组对各种原始数据及图形文件都及时备份到 U 盘及移动硬盘上。

(2) 地形图的表示及取舍。地形图的表示及取舍应按以下技术要求执行。

① 房屋测量以墙基为准，房屋逐个、分层表示，不综合，按结构不同、层次不同，主要房屋和附属房屋都分割表示，分层线准确测绘，棚房只表示固定的，临时性的建筑工

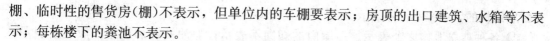

棚、临时性的售货房(棚)不表示,但单位内的车棚要表示;房顶的出口建筑、水箱等不表示;每栋楼下的粪池不表示。

② 居民地的走廊、阳台、封闭阳台(即悬空房屋),按墙体构造分内实外虚、外实内虚两种情况表示。走廊、门廊的柱子长、宽不足 0.5m 时用 1.0mm 的圆圈代替,大于1.0mm 者按实际大小及形状表示。

③ 建筑物的建材性质和层次,根据杭州市规划局要求,本次测绘其结构简注如下:

a. 8 层(含 8 层)以上的大厦、写字楼、办公楼等,注记"砼"。

b. 4～7 层的房屋,如工厂、单位、学校、居民住宅区等,注记"混"。

c. 4 层以下,以砖墙承重为主结构的房屋,注记"砖"。

d. 以土坯堆砌成墙的房屋,注记"土",旧式楼房或平房,以木柱为承重结构的,注记"木"。

e. 以木、竹、土坯或砖(无柱脚)为主的简单房屋,用简单房屋表示。

④ 作为一个整体的建筑物,因层次不同,但其性质以主体建筑物为准。如主体为"砼",其他不论层次均为"砼";如主体为"混",整体为"混";以钢为承重结构的建筑物注"钢"。

⑤ 对于楼顶的半层房屋,若有窗有门能自由出入的计入层数,若只有小窗或虽有大窗但无门出入的不计入层数。有些农居主房前有层高不足 2.2m 的一层房式建筑,不计入楼房的层数,在其范围内加注"台",并测注高程。

⑥ 房顶高测在建筑物主体(不包括楼道、水箱等次要凸出部分)最高处北屋檐,标注在实测位置,标注取位至 0.1m。房顶高采用三角高程方法测量,高程中误差不大于±0.3m。8 层及 8 层以上的建筑全测,3～7 层的建筑选择性测量。地坪标高测量,小区、厂矿、较大的企事业单位至少测量一个地坪标高,地坪标高测在较大的楼房或大型厂房内。地坪标高标注在房内右下方。

⑦ 房屋二楼的固定雨罩,当凸出大于 1m 时用雨罩符号表示,小于 1m 者舍去。雨罩下有台阶、花坛、陡坎等地物时,雨罩不表示。楼门口的小型雨罩不表示。因装饰而凸出的部分不表示。

⑧ 围墙、栏杆、栅栏均表示;篱笆、铁丝网、活树篱笆只表示永久性的、正规的、固定的,简易临时的一般不表示。农居院落旁较大的灌木树,其密度和作用起篱笆作用的,用活树篱笆符号表示。复合围墙或花墙,其下部实墙高度在 1.2m 以上的以围墙表示,小于 1.2m 上部有栅栏的则以栅栏符号表示。

⑨ 路旁、单位及居民院内的花坛均表示。院内起绿化作用的行树视情况用花坛或行树符号表示。花坛的范围线与地面实体的线状符号重叠或间距小于图上 1mm 时,用线状地物符号代替。

⑩ 依附围墙而建的棚房或简单房屋,围墙绘完整。三角形等大型广告牌,按形状用虚线绘出,实测中间柱子位置及形状并注明"广告牌"。

⑪ 实际测量时,个别地方无法进入,如个别甲鱼(种)养殖场,已经报杭州市规划局,同意只测外围范围线,图面上做"无法进入"标注。

⑫ 在测量时,有些村庄房屋正在拆房或某些地块正在挖掘、填土等情况,地形测量按当时现状进行测绘,高程点密度适当放宽。

⑬ 永久性的温房、花房虽然用塑料膜覆盖,但其内部是钢筋、水泥柱支架或某一侧

是砖墙结构的,用温室符号表示。

⑭ 各种独立地物逐个表示。房屋内的烟囱不表示;加油站的加油柜一般逐个表示,加油柜较多时可取舍;道路上的路灯均表示,单位内的路灯要表示,广场上的大型灯用照射灯符号表示;消火栓逐个表示;机关、厂矿、学校等处的旗杆应逐个表示;独立固定的宣传橱窗、标语牌、广告牌要表示,附设在墙上或是屋顶上的不表示;绿地内的喷水水龙头选择有代表性的表示;水井均要表示;小区内的报箱不表示;道路上的摄像头要表示。

⑮ 交通及附属设施。

测绘道路时,按真实路边线位置表示,主要道路通过居民地不随意中断,根据实地情况正确表示。

a. 绕城高速路的施测范围:测至绕城高速的围护设施(机动车道内不测)。

b. 路宽 4m 以上,路面铺以沙、碎石、矿砟用等外公路表示。

c. 路面宽度在 2~4m 的为大车路,1~2m 者为乡村路,1m 以下为小路。

d. 各级道路过涵洞时道路不中断,过桥梁时道路断至桥头。涵洞用《补充图式》"图 6.5-1"、"图 6.5-2"表示。

e. 主要道路上的检修井应表示,密集处可取舍;主要街道上的污水箅子应表示;单位及小区内的检修井择要表示。依比例尺电力井范围线用虚线表示。

⑯ 管线及附属设施。电力线 1 万伏以上的用高压线符号表示,其余用低压线符号表示。工厂、单位、村庄内部的低压线路一般应表示,只绘线路走向不连线。通讯线表示主要的永久性的,无杆挂靠在房子上的通讯线不表示。工厂、单位内的通讯线要表示,空电线杆不表示。

⑰ 水系及附属设施。

a. 河流一般按测绘时的坎上边线表示,无明显水涯线的河流不绘水涯线。

b. 水塘、鱼塘均以塘坎上边线表示,坎用一般的线表示不用坎线符号,并加注"塘"或"鱼"。

c. 沟渠宽度超过 0.5m 以双线依比例尺表示,小于 0.5m 以单线表示,双线沟渠以沟渠的内边缘上坎边线测绘,有岸堤的沟渠测注堤顶高程,耕地和水田内小水渠密集的地方可进行适当取舍,所有河流沟渠均绘出流向。

⑱ 植被。

a. 测绘时正确反映出植被的特征、范围、分布情况。当村庄地类界与田埂重合时,以地类界表示。

b. 旱地测绘只测出其范围不注品种,统一用旱地符号表示,菜地用相应符号表示,林地测出范围并注出品种。大面积按整列式表示的植被,符号的间距扩大至《图式》规定间距的 2 倍表示。

c. 沿道路、沟渠、土堤、河流、水塘等成行排列的树木,以行树符号表示。

d. 居民地附近的散树林酌情表示。

e. 房前屋后、单位院子里的零星菜地可不表示。居民地内的小块空地可不注植被符号。

f. 居民住宅前的水泥地面积小于图上 2cm² 时不表示。

⑲ 地貌。

a. 本测区因地势平坦，河流、塘、沟、坎较多，无山地和地势变化较大的坡地，经与业主协商整个五常测区不绘等高线。

b. 斜坡、陡坎区分未加固和加固两种，高度大于 0.5m 的坎全部表示，高度小于 0.5m 时，要表示较长的、系统的，当坎的水平投影长度大于 1m 时用坡符号表示。坎一般不注记比高，但坎上、下均要测注高程点。

c. 田埂宽度大于 0.5m 时以双线表示，小于 0.5m 的以单线表示。双线田埂测注高程注记点，单线田埂不注记高程，田埂密集的地方可以进行适当取舍。

d. 图上各类高程注记取位要求，图根点高程及碎部点注至 0.01m。

⑳ 地理名称和注记。居民地、建筑小区、旅游景点、道路、街巷、河流等自然地理名称，以及主要单位名称，均进行调查核实，按全称注记。

(3) 图廓整饰。图廓整饰参照甲方提供的样图要求。

① 图左下角注记(细等线体 11K)。

××年××月数字测图。

坐标系。

1985 国家高程基准(2 期)，等高距为 0.5m。

1996 年版图式。

② 图右上角注记"秘密"。

③ 下中间：比例尺 1∶500。

④ 右下角：测绘单位。

⑤ 左上角：图幅(号)结合表。

⑥ 上中间：图名、图号。

(4) 测量仪器的检定与检验。保证投入本工程的测量仪器在检定的有效期内；测量仪器在投入使用前按相关要求进行检验。仪器检定资料装订成册。

8. 检查验收

本项目实施二级检查一级验收制，采用过程检查与最终检查相结合的方式进行。

1) 过程检查

过程检查由项目经理组织，在各作业组自查、互检的基础上进行。过程检查在项目实施过程中按各分项流程进行。

(1) 控制测量检查内容。

检查概况：首先对图根成果进行外业打点检查，计算起算数据、图根测量数据等进行内业检查，然后在软件中重新计算，进行比较检查。

图根控制观测方法正确，记录符合规定，各项误差符合限差要求，计算方法正确，数据输入无误，各项精度指标符合规范要求。

① GPS－RTK(网络)布点是否基本符合本项目技术设计书中的方案。

② 控制点的密度是否达到要求，分布是否合理。

③ 标志埋石是否达到要求。

④ 各项精度是否满足。

⑤ 输出成果内容是否齐全，使用是否方便，必要的说明是否齐全等。

(2) 地形图检查。地形图的检查分内业全面检查、现场全面巡查和外业设站检查。

① 内业全面检查。对测绘成果进行 100％的图面检查和电子数据检查，圈定重点外业设站检查区域。

② 现场全面巡视。检查人员对测区范围进行全面巡视，确保图面反映的客观、真实性，标出疑点区域，供设站检查。

③ 外业设站检查。外业设站检查除内业检查和现场巡视确定重点检查区域外，其他区域随机抽取。在图根点设全站仪，测量明显地物点的坐标和高程，与作业成果进行比较，按平面和高程分别统计精度。详见检查报告。

2）最终检查

公司检查由公司技术管理部组织，在过程检查的基础上进行。

公司检查结论：控制点选位合理，桩位埋设稳固；控制观测记录正确，平差计算正确。图面表示合理，整饰较为美观，数学精度可靠。

公司检查本项目质量评定为：良。

具体详见检查报告。

3）验收

成果验收由甲方负责组织对全部成果进行验收。公司在项目实施过程中完全接受甲方的质量监控与检查。

9. 提交资料

(1) 控制测量成果。

① ××测区图根水准记录手簿。

② 图根水准平差报告。

③ 图根点 RTK 测量两次点位坐标比较表。

④ 图根控制点成果表。

⑤ 图根 RTK 高程与水准高程比较表。

⑥ 仪器检定证书。

(2) 地形图测量成果

① 1∶500 数字地形图 DWG 电子数据(标准分幅)。

② 分幅图接合表 DWG 电子数据。

(3) 相关文档文件。

① 本测区技术设计书(1 册)。

② 测绘产品检查报告(1 册)。

③ 技术总结(1 册)。

④ 以上数据光盘 1 份。

参 考 文 献

[1] 潘正风，程效军. 数字测图原理与方法 [M]. 2 版. 武汉：武汉大学出版社，2009.

[2] 杨晓明，王军德，等. 数字测图 [M]. 北京：测绘出版社，2009.

[3] 张博. 数字化测图 [M]. 北京：测绘出版社，2010.

[4] 卢满堂. 数字测图 [M]. 2 版. 北京. 中国电力出版社，2011.

[5] 冯大福. 数字测图 [M]. 重庆：重庆大学出版社，2010.

[6] 纪勇. 数字测图技术应用教程 [M]. 郑州：黄河水利出版社，2008.

[7] 梁勇，邱健壮，等. 数字测图技术及应用 [M]. 北京：测绘出版社，2009.

[8] 夏广岭. 数字测图 [M]. 北京：测绘出版社，2012.

[9] 郭昆林. 数字测图 [M]. 北京：测绘出版社，2011.

[10] 赵文亮. 地形测量 [M]. 郑州：黄河水利出版社，2005.

[11] 徐宇飞. 数字测图技术 [M]. 郑州：黄河水利出版社，2005.

[12] 潘正风，程效军，等. 数字测图原理与方法习题和实验. [M]. 2 版. 武汉：武汉大学出版社，2009.

[13] 花向红，邹进贵. 数字测图实验与实习教程 [M]. 武汉：武汉大学出版社，2009

[14] 中华人民共和国建设部. 工程测量规范（GB 50026—2007）[S]. 北京：中国建筑工业出版社，2011.

[15] 中华人民共和国建设部. 城市测量规范（CJJ/T 8—2011）[S]. 北京：中国计划出版社，2008.

北京大学出版社高职高专土建系列规划教材

序号	书名	书号	编著者	定价	出版时间	印次	配套情况	
	基础课程							
1	工程建设法律与制度	978-7-301-14158-8	唐茂华	26.00	2012.7	6	ppt/pdf	
2	建设工程法规	978-7-301-16731-1	高玉兰	30.00	2013.5	12	ppt/pdf/答案/素材	★
3	建筑工程法规实务	978-7-301-19321-1	杨陈慧等	43.00	2012.1	3	ppt/pdf	★
4	建筑法规	978-7-301-19371-6	董伟等	39.00	2013.1	4	ppt/pdf	★
5	建设工程法规	978-7-301-20912-7	王先恕	32.00	2012.7	1	ppt/ pdf	
6	AutoCAD 建筑制图教程(第 2 版)(新规范)	978-7-301-21095-6	郭 慧	38.00	2013.3	1	ppt/pdf/素材	★
7	AutoCAD 建筑绘图教程(2010 版)	978-7-301-19234-4	唐英敏等	41.00	2011.7	2	ppt/pdf	★
8	建筑 CAD 项目教程(2010 版)	978-7-301-20979-0	郭 慧	38.00	2012.9	1	pdf/素材	
9	建筑工程专业英语	978-7-301-15376-5	吴承霞	20.00	2012.11	7	ppt/pdf	★
10	建筑工程专业英语	978-7-301-20003-2	韩薇等	24.00	2012.1	1	ppt/ pdf	
11	建筑工程应用文写作	978-7-301-18962-7	赵立等	40.00	2012.6	3	ppt/pdf	★
12	建筑构造与识图	978-7-301-14465-7	郑贵超等	45.00	2013.5	13	ppt/pdf/答案	★
13	建筑构造(新规范)	978-7-301-21267-7	肖 芳	34.00	2013.5	2	ppt/ pdf	
14	房屋建筑构造	978-7-301-19883-4	李少红	26.00	2012.1	2	ppt/pdf	★
15	建筑工程制图与识图	978-7-301-15443-4	白丽红	25.00	2012.8	8	ppt/pdf/答案	★
16	建筑制图习题集	978-7-301-15404-5	白丽红	25.00	2013.1	7	pdf	
17	建筑制图(第 2 版)(新规范)	978-7-301-21146-5	高丽荣	32.00	2013.2	1	ppt/pdf	★
18	建筑制图习题集(第 2 版)(新规范)	978-7-301-21288-2	高丽荣	28.00	2013.1	1	pdf	
19	建筑工程制图(第 2 版)(附习题册)(新规范)	978-7-301-21120-5	肖明和	48.00	2012.8	5	ppt/pdf	
20	建筑制图与识图	978-7-301-18806-4	曹雪梅等	24.00	2012.2	5	ppt/pdf	★
21	建筑制图与识图习题册	978-7-301-18652-7	曹雪梅等	30.00	2012.4	4	pdf	★
22	建筑制图与识图(新规范)	978-7-301-20070-4	李元玲	28.00	2012.8	2	ppt/pdf	★
23	建筑制图与识图习题集(新规范)	978-7-301-20425-2	李元玲	24.00	2012.3	2	ppt/pdf	★
24	新编建筑工程制图(新规范)	978-7-301-21140-3	方筱松	30.00	2012.8	1	ppt/ pdf	★
25	新编建筑工程制图习题集(新规范)	978-7-301-16834-9	方筱松	22.00	2012.9	1	pdf	
26	建筑识图(新规范)	978-7-301-21893-8	邓志勇等	35.00	2013.1	1	ppt/ pdf	★
	建筑施工类							
1	建筑工程测量	978-7-301-16727-4	赵景利	30.00	2013.5	9	ppt/pdf /答案	★
2	建筑工程测量(第 2 版)(新规范)	978-7-301-22002-3	张敬伟	37.00	2013.5	2	ppt/pdf /答案	★
3	建筑工程测量	978-7-301-19992-3	潘益民	38.00	2012.2	1	ppt/ pdf	★
4	建筑工程测量实验与实习指导	978-7-301-15548-6	张敬伟	20.00	2012.4	7	pdf/答案	
5	建筑工程测量	978-7-301-13578-5	王金玲等	26.00	2011.8	3	pdf	
6	建筑工程测量实训	978-7-301-19329-7	杨凤华	27.00	2013.5	4	pdf	★
7	建筑工程测量(含实验指导手册)	978-7-301-19364-8	石 东等	43.00	2012.6	2	ppt/pdf/答案	★
8	建筑工程测量	978-7-301-22485-4	景 铎等	34.00	2013.6	1	ppt/pdf	
9	数字测图技术(新规范)	978-7-301-22656-8	赵 红	36.00	2013.6	1	ppt/pdf	★
10	数字测图技术实训指导（新规范）	978-7-301-22679-7	赵 红	27.00	2013.6	1	ppt/pdf	★
11	建筑施工技术(新规范)	978-7-301-21209-7	陈雄辉	39.00	2013.2	2	ppt/pdf	★
12	建筑施工技术	978-7-301-12336-2	朱永祥等	38.00	2012.4	7	ppt/pdf	
13	建筑施工技术	978-7-301-16726-7	叶 雯等	44.00	2013.5	5	ppt/pdf /素材	
14	建筑施工技术	978-7-301-19499-7	董伟等	42.00	2011.9	2	ppt/pdf	
15	建筑施工技术	978-7-301-19997-8	苏小梅	38.00	2013.5	3	ppt/pdf	
16	建筑工程施工技术(第 2 版)(新规范)	978-7-301-21093-2	钟汉华等	48.00	2013.1	8	ppt/pdf	★
17	基础工程施工(新规范)	978-7-301-20917-2	董伟等	35.00	2012.7	1	ppt/pdf	★
18	建筑施工技术实训	978-7-301-14477-0	周晓龙	21.00	2013.1	6	pdf	★

序号	书名	书号	编著者	定价	出版时间	印次	配套情况	
19	建筑力学(第2版)(新规范)	978-7-301-21695-8	石立安	46.00	2013.3	2	ppt/pdf	★
20	土木工程实用力学	978-7-301-15598-1	马景善	30.00	2013.1	4	pdf/ppt	★
21	土木工程力学	978-7-301-16864-6	吴明军	38.00	2011.11	2	ppt/pdf	★
22	PKPM软件的应用(第2版)	978-7-301-22625-4	王 娜等	34.00	2013.6	1	pdf	★
23	建筑结构(第2版)(上册)(新规范)	978-7-301-21106-9	徐锡权	41.00	2013.4	1	ppt/pdf/答案	★
24	建筑结构(第2版)(下册)(新规范)	978-7-301-22584-4	徐锡权	42.00	2013.6	1	ppt/pdf/答案	★
25	建筑结构	978-7-301-19171-2	唐春平等	41.00	2012.6	3	ppt/pdf	
26	建筑结构基础(新规范)	978-7-301-21125-0	王中发	36.00	2012.8	1	ppt/pdf	★
27	建筑结构原理及应用	978-7-301-18732-6	史美东	45.00	2012.8	1	ppt/pdf	★
28	建筑力学与结构(第2版)(新规范)	978-7-301-22148-8	吴承霞等	49.00	2013.4	1	ppt/pdf/答案	★
29	建筑力学与结构(少学时版)	978-7-301-21730-6	吴承霞	34.00	2013.2	1	ppt/pdf/答案	★
30	建筑力学与结构	978-7-301-20988-2	陈水广	32.00	2012.8	1	pdf/ppt	
31	建筑结构与施工图(新规范)	978-7-301-22188-4	朱希文等	35.00	2013.3	1	ppt/pdf	
32	生态建筑材料	978-7-301-19588-2	陈剑峰等	38.00	2013.5	2	ppt/pdf	
33	建筑材料	978-7-301-13576-1	林祖宏	35.00	2012.6	9	ppt/pdf	★
34	建筑材料与检测	978-7-301-16728-1	梅 杨等	26.00	2012.11	8	ppt/pdf/答案	★
35	建筑材料检测试验指导	978-7-301-16729-8	王美芬等	18.00	2012.4	4	pdf	
36	建筑材料与检测	978-7-301-19261-0	王 辉	35.00	2012.6	3	ppt/pdf	★
37	建筑材料与检测试验指导	978-7-301-20045-2	王 辉	20.00	2013.1	2	ppt/pdf	★
38	建筑材料选择与应用	978-7-301-21948-5	申淑荣等	39.00	2013.3	1	ppt/pdf	★
39	建筑材料检测实训	978-7-301-22317-8	申淑荣等	24.00	2013.4	1	pdf	
40	建设工程监理概论(第2版)(新规范)	978-7-301-20854-0	徐锡权等	43.00	2013.1	2	ppt/pdf/答案	
41	建设工程监理	978-7-301-15017-7	斯 庆	26.00	2013.1	6	ppt/pdf/答案	★
42	建设工程监理概论	978-7-301-15518-9	曾庆军等	24.00	2012.12	5	ppt/pdf	
43	工程建设监理案例分析教程	978-7-301-18984-9	刘志麟等	38.00	2013.2	2	ppt/pdf	★
44	地基与基础	978-7-301-14471-8	肖明和	39.00	2012.4	7	ppt/pdf/答案	★
45	地基与基础	978-7-301-16130-2	孙平平等	26.00	2013.2	3	ppt/pdf	
46	建筑工程质量事故分析	978-7-301-16905-6	郑文新	25.00	2012.10	4	ppt/pdf	★
47	建筑工程施工组织设计	978-7-301-18512-4	李源清	26.00	2013.5	5	ppt/pdf	★
48	建筑工程施工组织实训	978-7-301-18961-0	李源清	40.00	2012.11	3	ppt/pdf	★
49	建筑施工组织与进度控制(新规范)	978-7-301-21223-3	张廷瑞	36.00	2012.9	1	ppt/pdf	★
50	建筑施工组织项目式教程	978-7-301-19901-5	杨红玉	44.00	2012.1	1	ppt/pdf/答案	
51	钢筋混凝土工程施工与组织	978-7-301-19587-1	高 雁	32.00	2012.5	1	ppt/pdf	
52	钢筋混凝土工程施工与组织实训指导(学生工作页)	978-7-301-21208-0	高 雁	20.00	2012.9	1	ppt	
工 程 管 理 类								
1	建筑工程经济	978-7-301-15449-6	杨庆丰等	24.00	2013.1	11	ppt/pdf/答案	★
2	建筑工程经济	978-7-301-20855-7	赵小娥等	32.00	2012.8	1	ppt/pdf	
3	施工企业会计	978-7-301-15614-8	辛艳红等	26.00	2013.1	5	ppt/pdf/答案	★
4	建筑工程项目管理	978-7-301-12335-5	范红岩等	30.00	2012.4	9	ppt/pdf	
5	建设工程项目管理	978-7-301-16730-4	王 辉	32.00	2013.5	5	ppt/pdf/答案	
6	建设工程项目管理	978-7-301-19335-8	冯松山等	38.00	2012.8	2	pdf/ppt	
7	建设工程招投标与合同管理(第2版)(新规范)	978-7-301-21002-4	宋春岩	38.00	2013.5	3	ppt/pdf/答案/试题/教案	★
8	建筑工程招投标与合同管理(新规范)	978-7-301-16802-8	程超胜	30.00	2012.9	2	pdf/ppt	★
9	建筑工程商务标编制实训	978-7-301-20804-5	钟振宇	35.00	2012.7	1	ppt	★
10	工程招投标与合同管理实务	978-7-301-19035-7	杨甲奇等	48.00	2011.8	2	pdf	★
11	工程招投标与合同管理实务	978-7-301-19290-0	郑文新等	43.00	2012.4	2	ppt/pdf	★
12	建设工程招投标与合同管理实务	978-7-301-20404-7	杨云会等	42.00	2012.4	1	ppt/pdf/答案/习题库	
13	工程招投标与合同管理(新规范)	978-7-301-17455-5	文新平	37.00	2012.9	1	ppt/pdf	★

序号	书名	书号	编著者	定价	出版时间	印次	配套情况	
14	工程项目招投标与合同管理	978-7-301-15549-3	李洪军等	30.00	2012.11	6	ppt	★
15	工程项目招投标与合同管理	978-7-301-16732-8	杨庆丰	28.00	2013.1	6	ppt	★
16	建筑工程安全管理	978-7-301-19455-3	宋 健等	36.00	2013.5	3	ppt/pdf	
17	建筑工程质量与安全管理	978-7-301-16070-1	周连起	35.00	2013.2	5	ppt/pdf/答案	
18	施工项目质量与安全管理	978-7-301-21275-2	钟汉华	45.00	2012.10	1	ppt/pdf	
19	工程造价控制	978-7-301-14466-4	斯 庆	26.00	2012.11	8	ppt/pdf	★
20	工程造价管理	978-7-301-20655-3	徐锡权等	33.00	2012.7	1	ppt/pdf	
21	工程造价控制与管理	978-7-301-19366-2	胡新萍等	30.00	2013.1	2	ppt/pdf	★
22	建筑工程造价管理	978-7-301-20360-6	柴 琦等	27.00	2013.1	2	ppt/pdf	
23	建筑工程造价管理	978-7-301-15517-2	李茂英等	24.00	2012.1	4	pdf	
24	建筑工程造价	978-7-301-21892-1	孙咏梅	40.00	2013.2	1	ppt/pdf	★
25	建筑工程计量与计价(第2版)	978-7-301-22078-8	肖明和等	58.00	2013.3	1	pdf/ppt	★
26	建筑工程计量与计价实训	978-7-301-15516-5	肖明和等	20.00	2012.11	6	pdf	
27	建筑工程计量与计价——透过案例学造价	978-7-301-16071-8	张 强	50.00	2013.5	6	ppt/pdf	★
28	安装工程计量与计价（第2版）	978-7-301-22140-2	冯钢等	50.00	2013.3	12	pdf/ppt	★
29	安装工程计量与计价实训	978-7-301-19336-5	景巧玲等	36.00	2013.5	3	pdf/素材	★
30	建筑水电安装工程计量与计价(新规范)	978-7-301-21198-4	陈连姝	36.00	2012.9	1	ppt/pdf	★
31	建筑与装饰装修工程工程量清单	978-7-301-17331-2	翟丽旻等	25.00	2012.8	3	pdf/ppt/答案	
32	建筑工程清单编制	978-7-301-19387-7	叶晓容	24.00	2011.8	1	ppt/pdf	★
33	建设项目评估	978-7-301-20068-1	高志云等	32.00	2013.6	2	ppt/pdf	★
34	钢筋工程清单编制	978-7-301-20114-5	贾莲英	36.00	2012.2	1	ppt / pdf	
35	混凝土工程清单编制	978-7-301-20384-2	顾 娟	28.00	2012.5	1	ppt / pdf	
36	建筑装饰工程预算	978-7-301-20567-9	范菊雨	38.00	2013.6	2	pdf/ppt	★
37	建设工程安全监理(新规范)	978-7-301-20802-1	沈万岳	28.00	2012.7	1	pdf/ppt	★
38	建筑工程安全技术与管理实务(新规范)	978-7-301-21187-8	沈万岳	48.00	2012.9	1	pdf/ppt	★
39	建筑工程资料管理	978-7-301-17456-2	孙 刚等	36.00	2013.1	2	pdf/ppt	
40	建筑施工组织与管理(第2版)(新规范)	978-7-301-22149-5	翟丽旻等	43.00	2013.4	1	ppt/pdf/答案	★
41	建设工程合同管理	978-7-301-22612-4	刘庭江	46.00	2013.6	1	ppt/pdf/答案	★
建 筑 设 计 类								
1	中外建筑史	978-7-301-15606-3	袁新华	30.00	2012.11	7	ppt/pdf	★
2	建筑室内空间历程	978-7-301-19338-9	张伟孝	53.00	2011.8	1	pdf	★
3	建筑装饰CAD项目教程(新规范)	978-7-301-20950-9	郭 慧	35.00	2013.1	1	ppt/素材	
4	室内设计基础	978-7-301-15613-1	李书青	32.00	2013.5	3	ppt/pdf	
5	建筑装饰构造	978-7-301-15687-2	赵志文等	27.00	2012.11	5	ppt/pdf/答案	★
6	建筑装饰材料(第2版)	978-7-301-22356-7	焦 涛等	34.00	2013.5	4	ppt/pdf	
7	建筑装饰施工技术	978-7-301-15439-7	王 军等	30.00	2012.11	5	ppt/pdf	★
8	装饰材料与施工	978-7-301-15677-3	宋志春等	30.00	2010.8	2	ppt/pdf/答案	★
9	设计构成	978-7-301-15504-2	戴碧锋	30.00	2012.10	2	ppt/pdf	
10	基础色彩	978-7-301-16072-5	张 军	42.00	2011.9	2	pdf	★
11	设计色彩	978-7-301-21211-0	龙黎黎	46.00	2012.9	1	ppt	★
12	设计素描	978-7-301-22391-8	司马金桃	29.00	2013.4	1	ppt	★
13	建筑素描表现与创意	978-7-301-15541-7	于修国	25.00	2012.11	3	pdf	★
14	3ds Max 室内设计表现方法	978-7-301-17762-4	徐海军	32.00	2010.9	1	pdf	
15	3ds Max2011 室内设计案例教程(第2版)	978-7-301-15693-3	伍福军等	39.00	2011.9	1	ppt/pdf	
16	Photoshop 效果图后期制作	978-7-301-16073-2	脱忠伟等	52.00	2011.1	1	素材/pdf	★
17	建筑表现技法	978-7-301-19216-0	张 峰	32.00	2013.1	2	ppt/pdf	
18	建筑速写	978-7-301-20441-2	张 峰	30.00	2012.4	1	pdf	★
19	建筑装饰设计	978-7-301-20022-3	杨丽君	36.00	2012.2	1	ppt/素材	
20	装饰施工读图与识图	978-7-301-19991-6	杨丽君	33.00	2012.5	1	ppt	
规 划 园 林 类								
1	居住区景观设计	978-7-301-20587-7	张群成	47.00	2012.5	1	ppt	★

序号	书名	书号	编著者	定价	出版时间	印次	配套情况	
2	居住区规划设计	978-7-301-21031-4	张 燕	48.00	2012.8	1	ppt	★
3	园林植物识别与应用(新规范)	978-7-301-17485-2	潘利等	34.00	2012.9	1	ppt	★
4	城市规划原理与设计	978-7-301-21505-0	谭婧婧等	35.00	2013.1	1	ppt/pdf	★
5	园林工程施工组织管理(新规范)	978-7-301-22364-2	潘利等	35.00	2013.4	1	ppt/pdf	★
房 地 产 类								
1	房地产开发与经营	978-7-301-14467-1	张建中等	30.00	2013.2	6	ppt/pdf/答案	★
2	房地产估价	978-7-301-15817-3	黄 晔等	30.00	2011.8	3	ppt/pdf	★
3	房地产估价理论与实务	978-7-301-19327-3	褚菁晶	35.00	2011.8	1	ppt/pdf/答案	★
4	物业管理理论与实务	978-7-301-19354-9	裴艳慧	52.00	2011.9	1	ppt/pdf	★
5	房地产营销与策划(新规范)	978-7-301-18731-9	应佐萍	42.00	2012.8	1	ppt/pdf	★
市 政 路 桥 类								
1	市政工程计量与计价(第2版)	978-7-301-20564-8	郭良娟等	42.00	2013.1	2	pdf/ppt	
2	市政工程计价	978-7-301-22117-4	彭以舟等	39.00	2013.2	1	ppt/pdf	★
3	市政桥梁工程	978-7-301-16688-8	刘 江等	42.00	2012.10	1	ppt/pdf/素材	
4	市政工程材料	978-7-301-22452-6	郑晓国	37.00	2013.5	1	ppt/pdf	★
5	路基路面工程	978-7-301-19299-3	偶昌宝等	34.00	2011.8	1	ppt/pdf/素材	
6	道路工程技术	978-7-301-19363-1	刘 雨等	33.00	2011.12	1	ppt/pdf	
7	城市道路设计与施工(新规范)	978-7-301-21947-8	吴颖峰	39.00	2013.1	1	ppt/pdf	★
8	建筑给水排水工程	978-7-301-20047-6	叶巧云	38.00	2012.2	1	ppt/pdf	
9	市政工程测量(含技能训练手册)	978-7-301-20474-0	刘宗波等	41.00	2012.5	1	ppt/pdf	
10	公路工程任务承揽与合同管理	978-7-301-21133-5	邱 兰等	30.00	2012.9	1	ppt/pdf/答案	
11	道桥工程材料	978-7-301-21170-0	刘水林等	43.00	2012.9	1	ppt/pdf	
12	工程地质与土力学(新规范)	978-7-301-20723-9	杨仲元	40.00	2012.6	1	ppt/pdf	★
13	数字测图技术应用教程	978-7-301-20334-7	刘宗波	36.00	2012.8	1	ppt	
14	水泵与水泵站技术	978-7-301-22510-3	刘振华	40.00	2013.5	1	ppt/pdf	★
15	道路工程测量(含技能训练手册)	978-7-301-21967-6	田树涛等	45.00	2013.2	1	ppt/pdf	
建 筑 设 备 类								
1	建筑设备基础知识与识图	978-7-301-16716-8	靳慧征	34.00	2013.5	9	ppt/pdf	★
2	建筑设备识图与施工工艺	978-7-301-19377-8	周业梅	38.00	2011.8	2	ppt/pdf	★
3	建筑施工机械	978-7-301-19365-5	吴志强	30.00	2013.1	2	pdf/ppt	★
4	智能建筑环境设备自动化(新规范)	978-7-301-21090-1	余志强	40.00	2012.8	1	pdf/ppt	★

相关教学资源如电子课件、电子教材、习题答案等可以登录 www.pup6.com 下载或在线阅读。

扑六知识网(www.pup6.com)有海量的相关教学资源和电子教材供阅读及下载(包括北京大学出版社第六事业部的相关资源),同时欢迎您将教学课件、视频、教案、素材、习题、试卷、辅导材料、课改成果、设计作品、论文等教学资源上传到 pup6.com,与全国高校师生分享您的教学成就与经验,并可自由设定价格,知识也能创造财富。具体情况请登录网站查询。

如您需要免费纸质样书用于教学,欢迎登录第六事业部门户网(www.pup6.cn)填表申请,并欢迎在线登记选题以到北京大学出版社来出版您的大作,也可下载相关表格填写后发到我们的邮箱,我们将及时与您取得联系并做好全方位的服务。

扑六知识网将打造成全国最大的教育资源共享平台,欢迎您的加入——让知识有价值,让教学无界限,让学习更轻松。

联系方式: 010-62750667,yangxinglu@126.com,linzhangbo@126.com,欢迎来电来信咨询。